许政芳 著
Xu Zhengfang

不曾经历，何曾懂得

有些事，经历过方才领悟

中国华侨出版社

图书在版编目（ＣＩＰ）数据

不曾经历，何曾懂得 / 许政芳著 . -- 北京 : 中国
华侨出版社 , 2014.6
ISBN 978-7-5113-4551-6

Ⅰ . ①不… Ⅱ . ①许… Ⅲ . ①人生哲学—通俗读物
Ⅳ . ① B821-49

中国版本图书馆 CIP 数据核字 (2014) 第 068327 号

● 不曾经历，何曾懂得

著　　者 /	许政芳
责任编辑 /	荼　蘼
责任校对 /	王京燕
经　　销 /	新华书店
开　　本 /	787 毫米 × 1092 毫米　1/16　印张 /14　字数 /280 千
印　　刷 /	北京中振源印务有限公司
版　　次 /	2014 年 7 月第 1 版　2020 年 5 月第 2 次印刷
书　　号 /	ISBN 978-7-5113-4551-6
定　　价 /	48.00 元

中国华侨出版社　　北京朝阳区静安里 26 号通成大厦 3 层　　邮编 100028
法律顾问：陈鹰律师事务所
编辑部：（010）64443056　　64443979
发行部：（010）64443051　　传真：64439708
网　址：www.oveaschin.com
e-mail：oveaschin@sina.com

序

是这样想过的，等到我行将就木的时候，能随我一起走的有什么呢？钱财首当其冲不在其列，且不说尚没有富裕到能将钱财带到另一个世界，即便带去了，也未必能够流通，所以这个想法必然要作罢，还是留给子孙妥帖些。那么，爱情呢？届时，与我相伴的英俊少年也必是老态龙钟、气喘不均，伤心是一定的，但未必随我去了，因为这世上还有他的不舍，至少儿孙会是他的牵念。即便随我去了，也不过是烧过的灰烬，你一堆，我一堆，谁也不认识谁。

能随我去的，大概就只有我的经历，曾经如何风尘仆仆，如何疯癫顽劣，又如何怡然自得，如何安静如水，一点一滴只有自己最知道，这是任何人都剥夺不去的。

从小到大，我总是特别喜欢听父亲母亲讲述他们过去的事情。一桩桩一件件，闻所未闻。我有时做出惊讶的表情，说："真的？怎么会那样啊？"父亲或母亲便说："唉，你没经过，你哪知道？"然后又接着说：

"那个时候的人啊……"或是好，或是坏，他们再将一些事例拿出来以佐证。听了父亲或母亲的事，我常常仍旧无法理解他们的心思，对他们的观点也不能持百分之百的赞同。

就像儿子问我："妈妈，你爱我吗？"

"爱呀。"

"为什么？"

"不为什么！"

"那你为什么爱我？"

"……等你长大就知道了。"

我怎么可能跟他解释得清呢？他还没有自己的孩子，没有眼见着一个小人儿的哭哭闹闹、跑跑跳跳，没有感受到他所带给我的温暖和感动，没有这些，他如何能了解父母的爱从何而来？只有等他长大，等他经历，他才会明白。

我时常觉得，人一辈子经历无数大大小小的事情，每一件事都如同一篇文章，有欢笑，有眼泪，有平淡清澈，也有混沌不堪。但不管读的过程如何，不把文章读完，就无法完全了解它要说的是什么。

所以，有些事，只有经历过才能领悟。

目录
Contents

第二辑　有一个人，如初遇，如诀别

第三辑　　**有一座城，虽空无，却灿美如斯**

第一辑

有一份缘，经年，也割舍不断

那一份缘，看似风轻云淡，却经年割舍不断。因了那一份缘，纵然跋山涉水我们也要踏上归途；因了那一份缘，轻描淡写的告别里常藏着无限的留恋……

背影

人生就像一篇散文，年轻时下笔行文间总是一派风急浪大、剑拔弩张。等到喧嚣过后阅历沧桑，反倒会变得平白质朴起来，只不经意间流出些许的云淡风轻，却觉得甚美。母爱也是如此。

小的时候，最喜欢让妈妈抱着，使劲亲着，把自己转得头晕，三不五时地要听妈妈说她是多么喜欢我，多么爱我……似乎只有这样才能证明妈妈的爱是真的。那时的母亲也年轻，她总是在我表现出色时紧紧地搂住我，几乎让我窒息；她也会背我走很远的路去外婆家，一路上母亲几次猛地快跑起来，让我上下颠簸，逗我大笑；有时候，妈妈会忍不住咬我的屁股，我大叫着喊疼，但很高兴……慢慢长大后，我发现原来母爱并非仅仅如此。

那是一天早晨，我五点半从家里出发参加一个聚会，刚到楼下想起自己忘带了手机，于是迅速折返，推门进屋时，却发现母亲正靠着玻璃窗向我出门的方向张望着。

"妈，你看什么呢？"

母亲一惊，瞬间又笑了，说："你没走呢？我说怎么看不到你呢，平时你出门要走一分钟我才会看不到，刚才看了老半天也没见你，我还纳闷：今天这丫头是多着急呀，一下就跑没影儿了……"

一路上，我在想，母亲倚在窗前看着我一寸一寸离开她的视线，究竟是怎样一种心绪？是不舍？是担忧？是等待？抑或是其他我说不出来、想不出来的情愫？更或者，只是一种习惯。而那时的母亲不会想到，在我推门而入的刹那，她也给了我一个安静的、载满爱的背影。我又想起朱自清的名篇——《背影》，不管是夜色中、夕阳里，抑或是清晨的薄雾下，这背影里含着多少翻山越岭、亘古绵长的爱怜啊。

我想起我几次三番要她来住她都不肯，却突然搭了一位同乡的车子来了北京，原来她是心疼我去接她要舟车劳顿；我想起带她去逛街，买回大包小包的东西，却惹得母亲一脸不快，原来她是心疼我挣钱不易；我也想起我常会在一转身时，发现母亲正看着我，我常会问：

"看什么呢，老太太？"

母亲从不介意我叫她老太太、老同志，而不喊妈妈，她只是笑笑，有时说"你好像胖了些"，有时说"你好像瘦了"，有的时候也会说"你的头发该剪了"，偶尔母亲也会和我开个玩笑，说"怎么三十多年了，还没长高"……

原来，我身上的每一两肉，每一根头发，每一寸生长都在母亲的心里扎了根，就算我已成家立业做了母亲，她依然能从我的背影中看穿一切。

从那天起，我每次出门走到楼下都会回头望一望母亲，因为母亲耳背，所以我们只是彼此挥一挥手，笑一笑，然后我便带着母亲的惦念大踏步向前，不管夜有多黑，风有多冷，因为怀揣了这一份感动，路就好走了许多。

母亲同我住了半年，她走后我每次出门走到楼下，我还是会下意识地回头看一看窗户，看着空落落的玻璃窗前，没有母亲的身影，没有母亲和我挥手微笑，总觉得怅然若失。那一刻，我才体会到：一生当中，能够总是被人望着背影出门，该是怎样的幸福啊。

后来的一天，我整理房间时，赫然发现母亲经常倚靠着的窗户护栏上的乳胶漆竟然有些斑驳，虽然与护栏其他地方的洁白有些格格不入，但于我，却是世上最美的风景。

在爱的站台上

它从不曾改变日子的快慢和进程，但却把散乱的岁月凝聚成影集；它有时似乎只是一种形式，但却让生活里多了淡淡的温情。

——当我们在爱的站台上送别的时候。

人生总有许许多多的十字路口，纵然是骨肉相连的亲人，也免不掉一次又一次地送别。于是，生命里便总免不掉有站台的记忆。我常想，假如那站台、机坪、码头有知觉、有感情，它们又能否承负得起那么多的离愁别恨、远思长情呢？

我总不能忘记外甥去西藏当兵的那一场送别。

刚刚十八岁的外甥顺利通过层层筛选，正式加入了新兵的行列。这自然是好事，至少一个农村的孩子可以走出庄稼地到外面开开眼界，所以随后的几天里，全家人都沉浸在喜悦当中，连我这个当小姨妈的也有好几天都絮絮叨叨像个喜悦中的祥林嫂，但凡熟识一点的人，只要说几句话我就想方设法地把话题扯到军人上，然后这张嘴就顺理成章地说：

"我外甥前几天就选入新兵了……"

"是吗？"

"是啊，我姐家的孩子……"

接着人家愿意听或不愿意听，我是不管的，我只管讲述外甥被选上的过程以及我们一家人的喜悦和畅想。

几天后，我们接到通知说两天后准备出发。于是，一家人又陷入了慌乱之中，尤其姐姐，瞬间开始了她无休无止的碎碎念：那边的气候怎么样？需不需要带棉衣？会不会有高原反应，要不要带些药品？一路坐火车去西藏会不会无聊，换个有精彩游戏的手机？还有什么要带呢？买两身新衣服吧，还有秋衣秋裤，内裤也买两条，他从来没自己买过这些东西，不知道什么样的舒服……

对了，钱！万一到那边需要买东西呢，可是放哪儿呢？

"办张银行卡，让他带着，到那边自己取就行了嘛！"姐夫到底还是冷静些。

临走的那天，自然是全家出动，送行的队伍浩浩荡荡，因为一同赴藏的新兵不止外甥一个。可真到了送别的地点，新兵们是有组织的，并没有时间和家人话别。很长的时间，只是家属们堆在一起，窸窸窣窣地说着。想着从未离开过家的外甥就要远赴西藏，且一去就是两年多，我的眼泪几次跑到眼眶处打转。为了不让我姐难过，我总是佯装抬头让眼泪慢慢回流进眼窝里。

但出乎我意料的是，我姐这一次竟然出奇地镇定，看到我眼睛发红，反倒安慰起我来："这有什么好难过的，他都那么大了，大老爷们儿了，不傻不呆，还能把自己冻着饿着？我一点都不担心……"

我偷看我姐，她真的没有一点要落泪的意思，只是不停地和其他送行的家长攀谈着，一会儿说选兵时候的遭遇，一会儿又猜想着进藏以后的生活。突然，我姐说："你们聊着，我去买点东西。"

十分钟后，姐气喘吁吁地带回来一把指甲刀，我问她买指甲刀干吗，她说这孩子从小就不爱剪指甲，每次都要她督促，现在去了部队，可不能像在家里一样邋里邋遢的。可是姐远远望着那些刚刚穿上军装的孩子们，竟然分辨不出哪一抹绿色是她的那一个。

距离出发的时间还有十几分钟，姐有些着急，嘴里嘀咕着："也不知道一会儿还让他们过来不？要是不让来还白买了。"

姐说的没错，刚刚穿上军装的新兵们在统一的命令下排着队来到送行的亲人面前，纷纷以并不熟练的动作向亲人们行他们一生中第一个军礼，那是一份荣耀，也是对家人最好的安慰和告别。

外甥也一样，我看得真真的。只是他们停在了距离我们大约50米远的地方，那一刻，真想跑上前去拥抱一下，正一正他的新军帽，告诉他要好好训练，照顾好自己，要常给家里写信……可究竟没有一位家长迈出一步，生怕坏了孩子们的纪律，让他们脸上无光，所有人都只是目不转睛地盯着自家的孩子，欲言又止。

姐也一样，手里紧紧握着那把指甲刀，坚强地微笑着，站在送行的人群之中，静静地看着儿子敬礼、转身、齐步走、上车……终于连车的影子也不见了，姐才蹲下，呜咽了起来。原来她是那么不舍，方才的故作坚强不过是想让儿子放心，不过是不想增加儿子的烦恼。

这一刻，姐的微笑和泪水都在这个小小的站台上迸发成最最炙热和沉郁的母爱。

未必懂得

暑热炎炎，实在熬不住北京的炙烤，于是带了儿子回老家避暑。又赶上中元节，姊妹几个便拿了纸钱、供品到父亲的坟前坐了坐。父亲离开我们已经快十年了，时间慢慢治愈了我们失去父亲的痛楚，虽然每个给父亲上坟的时机都不会错过，但我们早已不似从前一般坐在坟前嚎啕大哭、肝肠寸断了，我们只当是远嫁的女儿回到家里来看望自己的老父亲，和他见个面，唠唠家常，把各自小家里的大事小情与父亲通报一番，然后摆上供品，烧了纸钱，便回家了。

供品通常没有什么严格的要求，不过是些比较精致的小点心和各色水果。与别家不同的是，由于二姐有一次梦见父亲口渴，所以每次去也会给父亲带些饮品。这次是一瓶露露，二姐把露露的拉环拉开，念叨着："爸，我给你带了露露，留你渴了喝。"然后我们开始烧纸钱，纸钱烧得差不多了，我们也和父亲说了不少话，起身要走时，一片纸灰不偏不倚落在露露瓶的开口处。

"看，爸喝露露了。"二姐惊呼。

"你竟乱给爸拿，爸咳嗽，根本就不爱喝那么甜的东西。"三姐说。

"谁说爸不爱喝甜的，爸只是因为咳嗽不敢喝，现在老爸到极乐世界，早就不咳嗽了，喝甜的也不怕。"二姐反驳。

那一刻，我的心头忽地紧了一下，父亲到底爱不爱喝甜的东西呢？我们做了父亲几十年的女儿，真正地了解他吗？记得父亲说，他小的时候家境颇丰，家里有私塾，可他却常常因为背不出书而被先生责罚。他就那样怯怯地看着先生，怯怯地伸出小手，先生的竹板却毫不犹豫地落在他的手上。听得我有时候不忍，真想上前帮他揉一揉，可是，那时候的那个小男孩心里的恐惧和他手掌的疼痛我又如何体会得到？又怎么以我的手来抚慰他的疼呢？

"爸，要是你一直坚持在北京当工人不回老家，说不定我们就是城里人了。"以前我总爱这样表达我小小的遗憾。

爸总是说："没办法啊，那时候你妈一个人带着你大姐和你二姐在家，连饭都吃不上，我在外面干一天活也不够她们一天的口粮，所以一狠心就回来了，心想：爱咋咋地，饿死也要一家子在一块儿……"

我如何能够懂得当年那个为人夫、为人父的小伙子是怎样的牵肠挂肚、怎样的毅然决然呢？

我不懂得他，他定然也不能完全懂得我。他不能了解我不能常常与他见面的遗憾，不能懂得我"七天憋出六个字"时的无奈和焦灼……

都说"知子莫若母"，可是我也不懂得我的孩子。每周到了买零食的时间，看他站在超市的货架前，摸摸这个、看看那个，不知道如何选择时，我都忍不住猜想，他的选择标准是什么呢？是要甜的，还是要能吃很长时间的？或者他喜欢带个小玩具的？他满是笑意的眼神是因为今天偷偷多拿了一包吗？还是因为马上就能吃到心爱的零食了呢？……我从来都不得而知。

可见得，血脉相连的亲人虽然可获得相似的形体，却从不能获得一颗真正解读彼此的心灵。父母家人，至亲至近，我们自以为深入骨髓，但现实里我们所知道的也不过是肤表的事件，总不是那个人在那个时候最为刻骨的感觉。

我，以一个母亲的名义祈求

毕业不过几年的工夫，原本不起眼的小县城就已经变得高楼林立、车水马龙，原以为还可以顺利找到我的母校，再去看看当年的操场——那里有我在树荫下苦读的身影，有毕业离别时滴落的眼泪——还想站在学校门口书写着"某某市第一中学"的牌匾下留个纪念。可如今的街道竟然摇身一变，成了完全不相识的模样。在县城的街道里转了个晕头转向后，终于看到了当年的实验楼，如今已经悬挂了与学校完全不相干的招牌，几经打听，终于确认——原来是学校搬迁了。

新的校址很远，更何况新学校于我是没有意义的。那么，就在学校旧址上新盖的冷饮店里坐坐吧，看不到，安静地回忆一下也是好的。一个靠窗的小桌，一杯凉凉的柳橙汁——靓丽的黄色像极了那时的青春年少，我兀自笑着……

忽然，听到哭声，哭法奇特。我料定这哭法不是学院派，知识分子向来只会含泪低泣，最多不过嘤嘤咽咽。而这个哭声却惊天地、泣鬼神，一面哭又一面说着什么，并没有泣不成声的意思。我好奇，一股脑儿喝完柳橙汁跑了出去。

是一位蓬头垢面的妇人，旁边还站了一个穿着警察制服的人，我这才注意到，原来这里竟是县城的法院。法院的主要职能便是宣判某人无罪或有罪，或者说某人挨打了或者死了要获得赔偿，或者说某人

母亲看着孩子慢慢长大，慢慢远离自己的视线，如同将一件珍爱的宝贝放到了熙熙攘攘的街头，她多么盼望人们不要碰坏它，不要弄脏它呀。

被打或者死了就活该。被打和死了活该的人的家属通常都会觉得冤枉，于是法院门前就常见有人来诉冤屈的。今天这场面大抵如此。

倒是那警察还很是体谅这位妇人，用对讲机跟里面的同事打招呼，他们竟然给这位咆哮法院的妇人倒了一杯水来。妇人也不客气，接过水来咕咚咚喝个精光，又接着大声哭诉起来：

"我那命苦的儿子啊，从小就没爹呀——"

不明白为什么，我所见的丧事中，人们总是要说死了的人命苦，然后将其生平历数一遍，说着说着话锋一转就开始讲述这死者死的过程和难以置信。

"从小妈一把屎一把尿把你拉扯大呀——哪知道你交了一帮狐朋狗友啊——你个傻孩子啊——他坑你钱你不杀了他，你怎么杀自己呀——我那可怜的儿啊——你咋就这么白白地死了呀——没人替你说公道话啊——"

警察站在一旁垂手听着，每过几分钟或是等妇人有些停顿时便劝上几句，直到中午将近，那妇人和警察依旧僵持在那里，倒是看热闹的人群换了几拨儿，我也终于离开了。

这是七八年前的事情了，实话实说当时我没有太大的感触，反倒是现在，一想起来便觉得莫名的不安和疼痛，这疼痛无关死者，而是那个台阶上痛哭的母亲。这母亲当初十月怀胎，对这个孩子曾经寄予了多少美好的希望啊？她一定想过将来让儿子有所作为，能够光宗耀祖，至少她会盼着儿子长大成人、娶妻生子，哪怕再平凡的日子，母亲也一定希望儿子能好好活着。她放心大胆地将儿子交给了这个世界，这个世界最终还给她的却是一个伤心的结局。

所以，我的恐惧油然而生。

我常看到一个孩子背着书包与妈妈再见，然后独自上学，临走前妈妈再三嘱咐要遵守交通规则，不要闯红灯，即便是绿灯也要左右看好，宁可迟到也要注意安全。但是脚步匆匆、车轮飞转的人啊，你们可以小心再小心一些吗？不要撞到那孩子。母亲们将孩子交给了道路，也交给了路人，请容许那小小的身影每天放学都能安然无恙地回家。

除此，他们还要读书、读报纸、上网、玩游戏、听歌、看电视、看电影，所以让人们崇敬的知识传播者啊，你们会饮之以琼浆还是哺之以糟糠？那些洁白如纸的小人儿会因此变得善良、正直、乐观，还是走向奸诈、沮丧和邪恶？那些惴惴不安的母亲都情愿或不情愿地把孩子交给了这个世界，她们是否能得到些许美好？

今天早晨，我，一个六岁男孩的母亲，向匆忙赶路的行人、向各种知识的传播者、向不曾谋面的过客、向身边的花花草草，交出了我最最心爱的小宝宝，你们将还我一个怎样的他呢？

——我无从选择，唯有祈求，以一个母亲的名义。

回家

知道萨克斯这件乐器完全是由于一首叫《回家》的曲子，这曲子的伟大就在于经久不衰。不论是商场、学校、街道，还是宾馆、车站、码头，凡是有人的地方总能听见这首曲子袅若云烟，悠扬、低沉，让人忍不住想起自己的家。

第一次听是在大学一年级要放寒假的时候，中午去食堂吃饭，这首曲子便款款而来，如一眼温热的泉水，让人觉得说不出的美好。

"真是要放假了，连食堂都放上《回家》了。""是呢，这不让人更没心思上课了吗？""就是，《回家》、《回家》，这几天光想着回家了。考不及格就找食堂算账。""算你个脑袋，你整天翘课，考不及格关人家食堂屁事！小心食堂的大师父用萨克斯把你打回家！"

我这才知道这首曲子叫《回家》，用以吹奏的乐器叫萨克斯。原本只是享受乐曲的美，但因为知道了它的名字叫《回家》，便一下子控制不住思绪，一下子想起了乡的田埂，纵横交错，虽然大多不成规矩，却有着独特的凌乱之美；还有自家院子里，母亲种的菊花，秀雅温柔又不失高洁的模样。又想起冬天农闲，一家人围坐在火炕上热络络地说着那些相干不相干的事情，不见得有瓜子、花生等零嘴，但一坐就是半天，从不觉得乏味。

原来，一个人无论走多远，那个有炊烟、有菊花的小院都是灵魂不肯离开的地方。

又想起魂归故里的词语，想起表哥在他乡车祸身亡后，一家人带着他的骨灰，一路走一路撒纸钱，且一路呼喊着："平啊，你回家呀。"上千里的路途，就这样一路呼喊着，生怕表哥的魂魄跟不上车轮的飞转落在半路上。想来，这不过是生者一厢情愿的念头，人若是有魂魄，哪里需要人召唤，想来它第一个要去的地方就是故乡，就是那个有米香、有热水、有亲人的家吧。想象着表哥的魂魄努力地飞翔在车子上空，用尽全力往家里飞的样子，我忍不住热泪奔流。

"家？就是那个门前有石凳，石凳旁有小草的家吗？曾经有一个小男孩在那里哭着笑着一路长大的地方吗？"

突然想现在就回到家里，但是不能。打个电话吧，妈妈说她很好，院子里的几株玉米都熟了，菊花还没有开，倒是那条淘气的小狗刚刚在门口的台阶上拉了粑粑，臭得要命——

呵呵，还好。一切都在。

前些天心情莫名地烦躁，于是怀揣一张信用卡奔了西单，准备见什么买什么，把信用卡刷爆。但真去了看着动辄几千元的衣服，理智又战胜了冲动，转悠了半天一无所获，索性坐在天桥上敞开了惆怅。刚刚坐下，一阵麻酥酥的感觉爬上了左腰，一个陌生的号码振动了我的手机。客气地以"您好"开头接起电话，不料是母亲，她说姐给她买了手机，是老年机，正适合她用，都八十多岁了可不得用老年机嘛，还说："我以为多复杂呢，我也会用它给你打电话。"言语间有股骄傲，问我什么时候回家，我说最近都没时间，只能过年等孩子放寒假了。

说到放寒假，我又想起那首用萨克斯演奏的《回家》。真是奇怪，有时候好端端地就想起这首曲子，听了这曲子便更想回家去，这曲子与回家的念头竟然悄悄地黏在了一起，扯也扯不开。如同我们与家，与家乡。可能我们都不曾发现，人世间最大的幸福大概就是有家可回去，有人在等待吧。

年夜饺子

昨天正是冬至，我们也按照传统吃了饺子。饺子的馅料有些特别，是用胡萝卜的叶子和猪肉混合而成。担心儿子不爱吃，特意给他包了几个白菜猪肉的。包的时候倒没觉得麻烦，但吃的时候就不一样了。因为忘记做记号，所以煮熟的饺子们都变成了一个模样，我们不得不全家总动员，努力从一锅饺子中挑选出白菜猪肉的来。

一家人用筷子将饺子逐个拦腰夹断，看看是不是白菜猪肉的，若不是就自己吃了，若是就好像得了宝似地说"这个是，这个是"，然后分两次夹到儿子碗里。

这个场景让我不由想起以前在家过年时的画面。我家里在除夕的晚上包饺子时，总爱包两个特殊的饺子，在其中一个饺子里放上一个硬币，另一个用纯粹的葱做馅料。前者谓之"有钱花"，后者谓之"聪明"。不知道大人们心里如何想，反正我是一心想要吃到其中的一个，以显示自己的与众不同，所以一整顿年夜饭我都会吃得肚皮溜圆，总觉得下一个就是那个包了硬币或者是大葱的。

不过，有那么两次我的确是吃到过的。吃到了大葱馅时就仿佛自己一下子变得聪明了一样，心情美到爆。吃到了硬币更是一样，在那个物质供应匮乏的时代，"有钱花"可是了不起的事情，所以虽然牙齿被狠狠地硌了，心里却是美滋滋的，觉得接下来的一年里自己会一

"嫁出去的女儿泼出去的水"。可是，这水哪就那么容易泼干净了呢？女儿嫁得再远，心还是走不掉。每到年关，总还是惦记着家里的那一顿饺子……

夜暴富似的。

当然，没吃到的时候居多。因为家里人多，那么一大锅饺子，哪有那么容易就被我吃到呢？吃不到的时候，心里就会很沮丧，看到有谁吃到了那个自己期待的饺子，也对那个人多少有些妒嫉，不管是爸妈，还是姐姐。

如今，早已嫁作他人妇，按照家里的风俗，嫁出去的女儿一定要在婆家过年的。婆婆家当然也会在除夕夜里包饺子吃，但他们没有放硬币和大葱的习惯，我也只当平常吃了一顿饺子而已，吃不出过年的味道以及对来年的期待。

越是这样就越发想念家里的饺子，未必好吃，但将近十年来都没有和家人一起吃过年夜饺子，也不免让我心生向往。所以，心里总是惦记着，不知道谁会吃到那个有硬币的，谁会吃到那个大葱。心里惦记着就会打个电话，问问家里是不是包饺子了？放鞭炮了？有时候连晚会也耽误了一大截，但仍觉不过瘾。妈常说："行了，别费钱了，快挂了吧，你明天不是就回来了吗？"是呢，明天就要回娘家了，可是不能回家过年，不能一起吃年夜饭始终是个遗憾。

都说"嫁出去的女儿泼出去的水"，可是这水哪那么容易就泼干净了呢？女儿嫁得再远，心还是走不掉的。每到年关，心里总还是惦记着家里的那一顿饺子。

还好，大年的初一或初二我们就回家，嫁出去的我们都会拖家带口地回到妈妈那里，让大小孩子们都接受一番他们外祖母的检阅，也是一番盛事！只是这个时候很少吃饺子，一般都是大鱼大肉地招呼，但总归是亲人团聚，不管吃什么也都是香喷喷的。

爸爸不让你上法庭

前些日子读到一个故事，催人泪下，也发人深省：

男人与女人共同生活了许多年，风风雨雨经历过，日子平平淡淡，始终没能让女人过上富足的生活。女人终于有了新的感情，提出离婚。男人默许，说他只要儿子。女人不答应，最后只能以法律来解决。

法庭上，男人说女人身体差，不能带小孩，并拿出了她当年住院的病例；很快女人出示了前些天的体检报告，证明自己的身体完全没问题；男人又说女人没有工作，不具备经济条件，女人拿出自己多年的积蓄和硕士文凭，男人再次被驳倒。

这时，女人突然对法官说，他经常打骂孩子，儿子根本就不喜欢他，只想跟我在一起。审判长传他们八岁的儿子到庭，征询孩子自己的意见。就在法警一步一步走向证人室，准备将孩子带出来作证时，男人的脸由红变白，由白变紫，他忽然霍地站了起来，叫住法警，大声宣布："审判长，我——撤诉。"

女人得意地带着儿子走了，男人蹲在地上掩面大哭。

事后，有朋友问男人："你真的虐待儿子吗？我可从来没见过呀，你干吗放弃了？让儿子出庭，说不定儿子就选择你了。"

男人无力地摇摇头："我爱我的儿子，怎么可能虐待他呢？可是我儿子生来就胆小，让他上法庭，会给他的心灵造成很大的阴影啊，我不能给他一个完整的家，怎么能够再让他的心灵受伤呢？我怎么忍心……"

有父如此，就算无家可归也当是幸福和幸运的吧。大爱应该就是如此吧，哪怕不能把儿子留在身边也一定要保护他，从外到内。

我们时常觉得父亲本就是粗糙的，对子女的爱也是一样。可是，父亲的爱必为之计深远。或许父亲不会体贴地擦去孩子的汗水，但一定知道让孩子运动多长时间；或许父亲不能做出可口的饭菜，但一定了解哪些食物更有营养；或许父亲没有安慰这一次的疼痛，但他一定在想如何避免下一次伤害……

大爱无声，也许正适合形容父爱吧。

芭比妈妈

夏天即将退去的时候，我去寻找荷花，寻花无果，却意外撞见一块青翠的草地。草地傍河，河水清悠，花开数朵，在草地上摇曳，又把自己倒影在河里，临水自照，惊讶于自己的美丽……我索性不再想荷花，只流连于这青草、小河，还有野花。

我之所以如此悠闲，是因为那一天是我的生日，在外求学，没有家人，也没有男朋友，这样的生日定是索然无味，所以我逃课一天独自闲逛，才偶然遇见了这样的美景。

万幸万幸。

我回到宿舍时，床上有一个小纸盒，打开看，里面是一个芭比娃娃，金发碧眼，一身浅绿色的纱裙，蓬蓬松松。我撩开裙角，看到那娃娃的脚，左脚脚尖点地，右脚的脚跟斜斜地靠在左脚脚踝上，优雅得很——呵，原来我收到了生日礼物。

从此，我便多了一项工作，为我的芭比购买新衣服，大约半年的时间里，我的芭比就拥有了十几身漂亮的衣服。我将那些衣服用一块小方巾包起来，每周拿出来两次给小芭比换洗一下。有时候，我会坐在床上，将全部的衣服都给小芭比穿一遍，看她那样的美，实在是一种享受。同宿舍的姐妹们也会对着我的芭比说：来，小宝贝，亲一个；或者说：哎呀，你真是个幸运的小宝贝，看你的妈妈这么疼爱

每一个妈妈在年轻时都是可爱的芭比，有漂亮的衣服，有秀美的身材，有无尽的宠爱。只是，当她们有了儿女，做了母亲，便悄悄换下了那些芭比的衣饰，穿上了人间的粗布衣……

你，将来你可要嫁个好老公哦，等你有了娃娃就没有这么多漂亮衣服穿了。

是啊，做了妈妈就不再是这个可爱的芭比了吧。

我想起每到夏日，母亲总是爱将她的一个包裹打开，把里面的几样东西拿出来晒一晒太阳，为的是除除湿气。母亲的包裹很简单，只是一大块四四方方的红色棉布，对角分别系上扣就可以将东西包在里面，形状大小完全随着里面的物品的形状而定。我记得母亲的包裹里有一件浅绿色的绸缎旗袍，有一件红底白点的斜襟薄棉袄。除此，还有十双乌木筷子。那筷子要比现在普通的筷子长很多，拿在手里沉甸甸的，乌黑发亮。另外有一个小铁盒，里面装了二三十枚铜币，有光绪通宝、乾隆通宝，还有几个我一直垂涎欲滴的，一个是日本钱币，上面写着昭和二十四年（如果没记错的话），一个是刻有伊丽莎白头像的两元港币，另外几枚个头很大，且没有中间的方孔，据说是母亲小时候用的钱。母亲的包裹大抵就这些东西，但那时却是我暑假里的一大乐趣。特别喜欢看母亲把她的衣服小心翼翼拿出来的样子，如同捧着一件珍品。或许也正是因为母亲对它们的珍爱，我也总是觉得那是古老、神秘、无与伦比的稀罕物件。

有一次，母亲拿着那衣服说，这衣服在当时可都是好料子，那时妈穿着这衣服谁见了都说你爸娶了个大美人。可惜呀，后来生了你姐，自己过上日子后就再也没机会穿了。扔了舍不得，送人又是旧衣服，于是就留了下来，不过也好，现在都没有这样的衣服了，留个念想也挺好的。

我说：妈，你那时候有很多这样的衣服吧。母亲说，当然了，就算再穷，没出阁的女儿家也会有几身漂亮的衣服。那时你姥爷、姥姥很疼我呢。母亲还说那时姥姥家不算富裕，但姥爷总是会带她去买点心；还有，她小时候很淘气，原本给她找了上课的地方，她却纠集一帮孩子去河沟的冰上戏耍，可是姥姥姥爷却从来舍不得打她、骂她；有一次她捉到一只马蜂，竟然将它放在手心里，想看看那马蜂是怎样蜇人，结果到现在她的手掌还有米粒大小的一块是硬硬的……母亲每每说到这些，总是带着无限的留恋，但她从不感伤和抱怨，她只是平静地说着，如同花儿静静地怀念着蝴蝶围绕的时刻。

我总是感到讶异，每一次都是，我无论如何无法把那样一个调皮、受宠、美丽的女孩儿和母亲联系到一起。在我的记忆里，母亲从来都是吃我们不爱吃的菜，从来都是粗布简衣，只有头发一直都梳洗得干净整洁，却从不见有半只钗簪；她对人也善良、包容，在我记忆中的三十多年里，母亲从没有和邻里发生过争执，她在我家附近的两条街上是首屈一指的好人……

如今，我不正是母亲的翻版么？十几年前我也苗条得只有90斤，家里四个姐姐和父亲母亲也视我如宝，记得高中时回家赶上下雨，还要姐姐背着我，家里所有的好吃食都得我先过目，因为我不吃肥肉，所以饭桌上一家人都忙着让肥肉和瘦肉分家；我的衣柜里也是有几件以前的衣服，一条价格不菲的牛仔裤，一件跟风买的翠绿的唐装，还有高高的高跟鞋，那些闪闪发光的首饰……只是如今，当年的衣服都变成了小一号，亮晶晶的首饰舍不得给泡在水里，也担心它们划破我的宝贝，于是都成了长年不见日月的压箱货。

我想起去年的某一天，在超市里，儿子看到一个小姑娘头上戴着有红色蝴蝶结的发卡，便对我说："妈妈，咱们也买个发卡吧，我想让你变得pretty。"

Pretty？我的儿，你是觉得妈妈现在不够pretty吗？你可知道妈妈以前也像那个芭比娃娃一样有漂亮的衣服，有苗条的身材，有众人的宠爱，也是个躲在书房里的不问柴米油盐的小姐呢。只是现在，妈妈把那些东西都收起来了，因为它们比起你来根本不值得一提。我宁愿穿上油渍麻花的围裙给你做你最爱吃的土豆拌肉，宁愿让两手被水泡得起了褶皱也要保证你每天都穿戴整洁。

一天一天，一年一年，一个芭比一样的女孩儿就变成了一个粗布简衣的妇人。母亲的由来大略都是如此，那么，我这样说，你会和我一样觉得对曾经那个芭比妈妈有些感动吗？

解释给你听

草籽或是树种在落生时是没有自己选择的权力的，于是小草常有难于成树的苦恼。这如同一个人走入社会，将会遇到什么样的人，会有怎样的对白，都是无法预料的，所以人也总会有这样和那样的不如预期。但这世间的一切，比如小草，比如大树，比如我们，如果能够得到一个好的解释，心情便会明朗起来。

上次不在家，千叮咛万嘱咐让老公照顾好家里的两条小金鱼，可我回来的时候还是连个尸首都没有见着——不过短短五天的工夫，他到底将两条小鱼养死了。那是我养了半年多的小鱼，每天看着它们欢快地游来游去，连心情都会跟着大好。可现在才几天不见，就再也见不着了，我恨死了老公，一边龇牙咧嘴地质问他，一边不停地抹着吧嗒吧嗒掉下来的眼泪。

老公也觉得内疚，但他赌咒发誓地说自己绝对是严格按照我的指示喂养的，我自是不信，最后他说："可能是你不在家，没有人穿着花花绿绿的衣服在它们面前晃来晃去，小鱼们不适应了；或者它们可能太想念你了……"

"胡说八道，哪里听说过小鱼因为想念主人就死了的？"我气不打一处来。

"可是，老婆，小鱼也是生命啊。这命的事谁能说得准呢？

原来，父母子女一场，就是来回转换着身份。起初，是父母把这个世界解释给我们；后来，是我们把这个世界解释给父母。

是不是？"

我突然放弃了与他继续争论的念头，我觉得这个解释说得过去。鱼也是生命，万事万物皆有定数，我相信小鱼活到那一天是正合适的。虽然你并没有伤害它，但就在那一时刻它便没来由地活不下去了。现在想起这件事情来，我也会觉得自己傻里傻气，但是，怎么办呢？只要有一个说得过去的解释，我就觉得踏实了。

不过，这世间最需要别人解释的应该是孩子吧。而给他们解释最多的那人就应该是父母。父母们总是不知不觉地就成了一位解释者。

记得儿子有次从幼儿园回来问我为什么楼前边的一棵梧桐树长得那么歪，我灵光一闪，说："一定是它在小时候不好好吸收土壤里的营养，结果它的脖子支撑不住它的脑袋，慢慢地就长歪了。"

"妈妈，我每天都好好吃饭，我的脖子就没有歪。"儿子说着，还下意识地将他的小脑袋更加地摆正在脖子上。那天晚上，儿子吃晚饭格外卖力，就连他一直不太爱吃的大虾都皱着眉吃了一个。

我虽欣喜却也吓了一跳——原来孩子真的如同一张白纸，他身体里的所有内容都是我们经意或不经意地画上去的。他们要的真的很少，很多时候只是一个看似合理的解释，哪怕再荒唐，于他们也可成为不可违背的圣旨。

日子一天一天过去了，那个小家伙在一点一点长大。他现在最爱跟我说的就是"妈妈，你知道什么是飞快吗"、"妈妈，你知道人类为什么发明赛尔机器人吗"、"你知道秋天叶子为什么会变黄吗"、"你知道为什么会下雨吗"……我一一回答"不知道"，然后等待着他的解释，比如：他会在客厅以最快速度奔跑，告诉我说这就是飞机；他会认真背诵动画片上听来的话，说距离人类能源枯竭还有3650天，到时地球将要毁灭，于是人类发明了赛尔机器人；或者把幼儿园老师告诉他们的有关气候的知识认真地陈述一遍……然后我在他的解释下恍然大悟、茅塞顿开，他便高兴、自豪起来。

有时候我会忍不住猜想，等他长大了，学到了更多的知识，明白了更多的世事，而那时的我如同过时的老古董一般对外界新事物一无所知，空白一如当年那个小男孩，他也该会不停地为我解释吧？他会跟我讲牛顿定律，讲聚丙烯，会告诉我一架飞机如何飞上天空，还有，他也一定会跟我说他和朋友的事，他和他心上人的故事，讲他们年轻人的想法有哪些……

这让我想起自己，小的时候问母亲为什么一棵树去的时候在左边，回来的时候就到了右边；还问父亲为什么道路两旁的树木近处很宽，远处却很窄；上学时不认识的词语、文章都要由大人们来解释给我听……可是慢慢地，我们转换了角色。他们在我面前变得越来越孤陋寡闻，而我则逐渐成了他们最好的解释者，告诉他们什么是信用卡，跟他们解释UFO和CEO的区别，和他们细细掰扯电脑是怎么一回事。

更有意思的是，为了让妈妈知道什么是麦当劳，特意领她到麦当劳餐厅吃汉堡、薯条和炸鸡块，那味道对于妈妈来说未必好过白菜炖豆腐，但妈妈终于恍然大悟地说："哦，原来这就是'当劳'啊，早就听人们说卖'当劳'卖'当劳'的，总算知道了，也没有多好吃嘛。"我眼看着紧挨着我妈的一位年轻姑娘笑喷了可乐，我于是又解释，所谓"麦当劳"为何物。

如今父亲已经去世，唯有年迈的母亲，她弄不明白的事情越来越多，我需要给她解释的东西也越来越多，有时候看她认真聆听、若有所悟的样子，总不免想起我给儿子解释"歪脖梧桐"的情景。

原来，父母子女一场，就是来回转换着身份。起初，是父母把这个世界解释给我们；后来，是我们把这个世界解释给父母。

推车的父亲

儿子的围棋班里刚刚来了一个小女孩儿，齐耳的短发在她一蹦一跳的时候轻舞飞扬，迸发着绸缎一般的光亮。柠檬黄的毛衣上一个绿色的蝴蝶结，翠绿翠绿的，让小姑娘越发地招人喜爱。小姑娘有一个特点，就是每次上课总是骑着她的小自行车去，粉粉的车架上有个白色的塑料筐，大概是用来放水或零食类的小物件。

但小姑娘的车技显然并不太好，总是把车骑得东倒西歪、摇摇欲坠。这样的技术不仅看的人很累很紧张，骑的人更是疲惫不堪。所以，每次下课回家的时候，小女孩骑不了二十几米便停下来，跳下车，说不想骑了。于是，孩子的爸爸便一手将女儿抱起，一手拉着车子，车子太矮，他又不得不斜着身子，看的人更加的累。

这累都只是在别人眼里，小女孩是不管的，她只管在爸爸的怀里撒娇，两只小手时而松松地搭在爸爸的肩头，时而又揽紧爸爸的脖颈。与此同时，她还不停地和爸爸说着什么，笑得咯咯的，斜扭着的爸爸则笑容满面地应和着。无论哪里，那满足和幸福都满满地写在他的眼里，一漾一漾的，好像一不留神就要溢出来一样。

这让我想起老公的自行车。老公的自行车最初是个名牌，为了上下班骑着舒服且拉风，所以花了不少银子。不料，这自行车养眼的同时也被盗贼盯上了，在拉风半年后正式消失。"吃一堑，长一智"，有了前车之鉴，老公在网上弄了个二手山地车，重新加油、换铃铛等一共不过几百元，每天下班往楼下的车棚一锁，踏踏实实地上楼吃饭、睡觉，一点不用担心被偷。

但这辆破自行车上也有着数不尽的笑声。这是因为儿子早晨上幼儿园的出门时间与老公出门上班的时间恰好一样。于是，早晨我们总是一家三口一同出门，儿子便要求坐在老公的自行车上，但那二手车没有后座，横梁又是斜的，儿子只能坐在自行车座上，两脚向前蹬住横梁，两只手则紧紧搂着老公的脖子，以确保自己不掉下来。老公则一只手揽着儿子的腰，一只手握着车把歪歪扭扭地走着。

爷儿俩一路上都紧紧地摽在一起，说着各种事情，常常视我为无物。有几次我忍不住插嘴，儿子则说："我和爸爸说呢。"就只这一句话便拒我于千里之外，但却让老公得意得忘乎所以，他常会在这时撇着嘴对我说："跟我说呢。"每次都会将"我"字加重好几倍，好像儿子就是他一个人的。我则在心里想：德性，一句话就把你美成这样，没见过世面。

偶尔我也会回想起我小时候坐父亲的车子。父亲的车子不是四个轮子的汽车，也不是两个轮子的自行车，而是只有一个轮子的手推车。这样的手推车在农户人家随处可见，几乎家家户户都有。父亲的推车原本与别家并无二样，只是因为我常常坐在上面而显得有些不同。那时，父亲不管推了多重的东西，只要我说坐，都会被允许坐上去，然后在同龄小朋友的美慕中一路风光地前行。

那时我还小，且是背对着父亲，看不见父亲的脸。现在想来，父亲当时也是幸福和满足的吧。

哪个父亲不是呢？看到自己的孩子高兴，他们就很满足了。或许他们永远不会说"孩子，爸爸爱你"，但只要你对他微微一笑，或用小手拍拍他的脸，用小嘴亲一亲他的额，父亲心里的幸福就一下子溢了出来，眼睛里、嘴角上、额头的皱纹处，哪儿哪儿都是……

青皮核桃

一到中秋前后，就有大批的青皮核桃上市。有一次，我去市场买菜，听见一位女摊主正热情地招呼生意："吃新核桃了，刚摘的青核桃，香脆可口。"我循声望去，只见一车的青核桃。我想起了小时候到隔壁村的核桃林捡核桃的光景。

那时候，不像现在什么零食都有，孩子们除了一天三顿饭再没有什么东西可以往肚子里填。所以，我们总是在打核桃的季节三五成群地来到隔壁村的核桃林里，各自手里都拿着一个小木棒，准备将树上零星摘丢的核桃砸下来。有时转悠半天也未必能寻得一两个，但却总是为了剥去青核桃皮而弄得两只小手都是青绿色，洗也洗不净。虽是看起来有些伤了女孩子的秀气，但这并不影响我们享受青核桃的美味。拿石头砸开汁水四溅的核桃皮，露出核桃来，再用小手剥掉与核桃肉相连的薄皮，白白的核桃仁就跃然出现，那是我们最欣喜的时刻。这欣喜与核桃肉的大小并无半点关系，只是因为折腾了半天嘴里多了吃食就高兴得不得了……

想着这些，我忍不住走到核桃车前买了二斤。不过，如今在城里卖的青皮核桃已经去掉了外面的青皮，无需自己动手。虽然如此，当我砸开核桃，用手一点一点剥下核桃的薄皮，将雪白清脆的核桃仁放进嘴里的时候仍旧有说不出的满足。

虽然如此，要想吃到青核桃肉，你可得下一番功夫，因为你总是想看到里面的细皮白肉，为此你得仔细剥下里面的一层薄衣，一个核桃剥下来，没有七八分钟是绝对不行的，但是在把核桃放进嘴里的那一刻，什么都忘了，只有满嘴清香。于是，又想吃一个，那好，再来……等你腰酸背痛手指麻地想歇一下时，突然发现，半天时间啥也没干，就吃了几个青核桃，正事都耽误了；更不可思议的是，连手指都被染成黄色，吃青核桃的人发愁了：一会儿怎么和那些大人物握手，要知道这样就不吃这几个青核桃了。于是，使劲冲洗，可是洗也洗不掉，洗也洗不掉……

有了这个想法，我便发在了网上。巧得很，被四姐看到了。四姐的夫家靠山，所谓"靠山吃山，靠水吃水"，靠山的四姐家里有几棵核桃树。她看见我在网上的言论，便知道了我对青皮核桃的钟爱。于是，那年国庆回家的时候我就收获了满满一大购物袋的青皮核桃，当然，外面的青皮姐已经帮我处理掉了。我欢喜得很，回到北京，狠狠地吃了两天，直弄得两手的拇指和食指都泛了青黄，直吃到有些青核桃已经变成了干核桃……

我打电话诉说核桃的好吃，姐说明年还给我留着。其实没等到明年，春节回家时，一家人就都知道了我和核桃的事，几个姐姐都大袋小袋地给我弄了好些。当然，这个时候自然没有青皮核桃可吃，我对于干核桃的喜爱仅限于它们长得像大脑，期待它们能有利于我的脑细胞分化，让我聪明点。至于其口感，实在觉得一般。但是姐姐们一定要我拿上那些核桃，我说不拿，她们便群起而攻之，说"干核桃也好吃"、"你吃了有营养"、"这里比北京便宜"、"干核桃放不坏可以慢慢吃"、"你不吃就给你儿子吃"……

我干脆投降，将核桃们一股脑全部装进后备厢。回家后闲来无事也便常常吃核桃，有一次在诸多核桃中发现了十几个纸皮核桃，皮之薄超乎想象，我只消用手一握就能将核桃皮握碎。我问是谁拿的，姐姐们竟然都忘了，说只想着买贵一点的核桃，倒没注意核桃皮……

　　有时，我常会一边吃核桃，一边想象着四姐一点一点砸掉核桃青皮时的样子，想象着姐姐们去集市上为我挑选核桃时的场景。我想：姐妹情缘，也许并不需要华丽的或伟大的辞藻来描绘，只是当她知道你所爱或可能爱某样东西时便不顾一切地要满足你的一种无意识的行为。

女人与小孩

三十岁之前，我几乎没有正眼看过别人家的孩子，有时候也会凑过去和孩子说两句话，但多数情况下不过是出于礼貌敷衍一下罢了。但三十岁之后，我却突然爱上了孩子，每每在街上行走，看见有小女孩儿扎着蝴蝶结或是小男孩风一样奔跑，都能引我驻足。孩子未必漂亮或帅气，但只要我感觉到了孩子身上的气息，心就被牢牢地牵住了。至于个中原因，很简单——我怀孕了。

怀孕于女人，真是一件辛苦又幸福的事情，别的不说，只孕吐一件事就可以让男人们崩溃，但女人却可以忍受两三个月。这肉体或许还不算，精神上的牵挂更加无孔不入。从你知道那个小小的种子在你的肚子里生根之后，脑袋里便开始了没完没了的联想——你若快走会担心那个小豆豆会不会感觉颠簸；你若吃撑了就会害怕庞大的胃囊占据了它的空间，让它行动受限；你若生气，也会想象着它会轻轻抚摸着子宫壁安慰你……总之，从那一刻起，这个女人便与肚子里的那个小孩紧紧地联系在了一起，从呼吸到血液，从肉体到心灵。好在我的那个小人儿是个体贴的孩子，整个孕期竟然没有孕吐，时有恶心都是因为肚子空，只要我吃饱饭，也无需什么色香味，他就老老实实地自己玩耍，从不让我难过。

所以，我由衷地感激，那样一个小小的胚胎就已经懂得心疼我这

每一个小孩都是妈妈最心爱的礼物，因为女人总是因为那个小孩而具有了魔力，能够把辛苦变成幸福。

个女人了。我该做点什么呢？我能做什么呢？我想我能做的就是陪他长大，给他一个温暖的家，每天晚上散一个小小的步，一路上逗逗他，看他笑，或者给他讲一个古老的故事，看他听得入神的模样……这些年来我真的这样做着，有时候把自己当成和他同龄的孩子，和他一起看蚂蚁搬家，配合着他扮演大灰狼；夏天的晚上拉着他的小手去散步，冬天的晚上躲在棉被下讲故事；把鸡蛋糕上摆上海苔变成好看的娃娃，别出心裁给他剪成鸡冠头；每天擦地若干次以便他在地上打滚儿，再大的愤怒也不让他看见，我要让他的眼里只有阳光和笑容。还有，每天晚上醒来先要摸摸那个小生命有没有踢开被子，他发烧的时候就盼望着那病痛能够乾坤大挪移，移到自己身上好让他不难受，他的臭脚丫也是天底下最好闻的味道……

我知道我做的比这些多得多，可是你觉得我很辛苦吗？不会，因了那个小孩，那七八斤从自己身上掉下的肉，什么都不觉得。有时候，我甚至觉得这样一个凭空而来的小孩到了我身边，简直是上天给我的一份礼物。有了他，我的整个生命都不再原地踏步，浑身的细胞都开始活跃起来，我不再赖床、不再拖拉、不再茫然、不再空虚和寂寞。多么神奇，这样一个尚不谙世事的孩子就给我带来如此多的改变和惊喜。每晚看着他睡得红扑扑的小脸，看着那清澈的口水从嘴角一直流到枕边，我总是不免好奇：我如此一个平凡普通的女子，何德何能，竟然可以拥有这样一个天使般的小孩，让我原本平淡无奇的生命变得闪闪发光。

儿子大些后，会常常问我爱他有多少，我说："从我们家到超市那么远。"他说："妈妈，我爱你有大楼那么高。"

"我爱你有地球到月亮那么多。"

"妈妈，我爱你有天上的星星那么多。"

是吗？有那么多？真是让我好感动，我把那个温暖的小人儿紧紧搂在怀里，泪水滴在他小小的后背上。他爱我如此，我哪里会感觉辛苦和劳累！

我问过母亲，拉扯我们姐妹五人是不是很辛苦，因为那样的年月贫穷当道，作为五个孩子的母亲谈何容易。可是母亲总是叹口气说："哎，也倒没觉得难熬。"我又问："妈，我小时候你也像我喜欢禾禾（我儿子的名字）一样喜欢我吗？"母亲便说："是啊，哪个当妈的不喜欢自己的孩子，那是自己十月怀胎生下来的，是自己身上掉下来的肉啊；再难熬的年月，有孩子在身边叽叽喳喳、说说笑笑，都觉得好多了。"

　　每每说到这个问题，母亲还总是会说出很多很多我小时候的事情，比如我五岁的时候就会唱《苏三起解》，虽然音不准，但有模有样；还有我上育红班（我小时候村里没有幼儿园，只在上学的前一年孩子开始到学校里适应环境，未必学东西，只找个上学的感觉罢了）时，上课胡闹，被老师关在门外罚站，我却偷偷跑回家去；上学后我每年都被评为"三好学生"，母亲说那个时候她去哪都想带上我。母亲还说我小的时候在同龄孩子里是胖得出奇的，那个刚刚解决了温饱问题的年月，我变成了人见人爱的小可爱，为此还有位同村的人非要认我做干女儿。可是母亲不同意，她的理由是：这是我生的孩子，怎么能管别人也叫妈——原来母爱也可以是自私的！

　　如今母亲已经年迈，她常常拿东忘西，但对于我们的过往却都如数家珍。我以前总觉得母亲很不易，却从来不知道我们几个女儿也给母亲带来了那么多的欢乐。

　　这世间不知道有多少如母亲和我一样的女人，她们也会惊讶于自己的天使宝贝吧。是啊，为什么不呢？平凡的女子因了一个孩子便可以一下子神圣起来，仿佛每一个小孩都是一个神秘的存在，像星星一样闪烁，像水果一样新鲜，像花儿一样芳香。他们一同活在世界上某个小小的角落，彼此越来越相爱，越来越不能割舍。

　　时间慢慢流过，在某一个清晨，带着小孩出门的女人听到邻居说"这个小孩长得越来越像你了"，心里的美就又翻了好几番。

　　所以啊，每一个小孩都是妈妈最心爱的礼物，就连我也是呢。

千金不换

命运有时就爱开玩笑，你想要什么它偏偏不给你什么，你不想要什么，它偏偏就死命地往你怀里塞。

这一点我的父母最有体会，不为别的，只因为他们用尽了人生最为鼎盛的年华来期盼一个可以撑门立户的男孩，命运就偏偏接连给了他们五个女儿。有时候我会猜想我们五个姊妹一一降生时，他们是怎样的心情。

大姐出生的时候，我想父母虽然也希望是个男孩，但初为人父人母的他们一定是喜悦大于失望，不管怎么说家里也算添丁了。母亲怀二姐时，他们一定暗地里说"这要是个儿子就好了，有儿有女"，可是二姐又是女儿，他们或许会笑着对人说"呵呵，又是个丫头"。到三姐时，我猜他们的心情一定是紧绷着的，那种期望应该是到了顶点了，可三姐依旧没能如爸妈的愿，所以他们给三姐取名"转儿"。所谓"转儿"是有意义的，一来在旧岁月里女儿生来就是要烧火做饭的，即所谓"锅台转儿"；二来父母也希望这个"转"能转转运。但希望仍旧落空，几年后四姐出生，此时的母亲已经40岁了，他们想要个男孩儿的梦想随着四姐的降生被砸了个粉碎，在四姐满月时父亲以大摆宴席来表示自己失望透顶的心情，也暗示着他对于成为一个男孩的父亲

父母对于子女的爱，就如同一根魔法棒，无论什么情境下，总能变出爱来。你未出生时，或许他们盼望着你是儿子或女儿，但你出生后，不管是不是他们想要的，他们又凭空自己变出许多名目的爱来给你。

不再抱任何希望。但七年过后，母亲竟然再次怀孕，我想当父母得知又一个小小的生命就这样一厢情愿地突如其来时，一定以为是神来之笔，以为老天爷终于在"苦其心志"之后要降"儿子"于斯人也，然而母亲十月怀胎一朝分娩的结果竟然是我——到底给他们凑了个"五朵金花"。此后，母亲绝经了。天啊，原来，我才是这一场长达几十年的希望的终结者。

但无论什么时候，父母都不会因为你让他们失了望就会减少他们对你的爱，而且有时候还会变本加厉地爱护你。父母对于我们便是如此，虽然全都是女儿，但他们从不曾嫌弃过，在他们的眼里这几个"丫头片子"一样是宝儿，尤其对我，更是如此。在我的印象里，家里虽然一点都不富裕，但所有的人都很宠我。我没挨过父母一个巴掌，也没受过姐姐们一点欺负，家里的农活几乎不曾碰触，算不得养尊处优，至少没受过苦累。我也奇怪，便问母亲，母亲说："丫头也是妈身上掉下的肉啊，哪里就舍得让你吃苦？再说，我若对你不好，街坊邻居一定会说我嫌弃你是个女孩儿，妈可不能让人那样说，所以妈对你要比对你姐姐们更好，让他们都看看，丫头也是妈的宝儿。"

我听得两眼泛潮，喉咙发痛，觉得父母对于子女的爱，就如同一根魔法棒，无论什么情境下，总能变出爱来。你未出生时，或许他们盼望着你是儿子或女儿，但你出生后，不管是不是他们想要的，他们又凭空自己变出许多爱来给你。你看，她不仅是因为自己爱孩子，还能因为害怕流言而生出更多的爱来给我，可不是有了魔法。

母亲一边缝着我穿破的袜子一边继续说："你三个月的时候，村里老魏家又生了个男孩儿，就是和你在一个班上学的'耐五'。那时候，他家已经有了四个男孩儿了，他家里特别盼着有个女儿，于是就托村里的熟人来找我和你爸，说想要把你们俩换了，这样咱家有了儿子，他家有了女儿，两全其美。"

"那怎么没换啊？"我问。

"那怎么没换啊？我和你爸舍不得呗。你在我肚子里拱来拱去的十个月，生出来又三个月，那时你都会笑得咯咯响了。一想到换了以后就摸不着、看不着你了，妈就觉得心疼得没法儿没法儿的。再说，又是在一个村，哪有不碰面的时候啊，万一你知道我拿你换了男孩儿，你还不得恨死我呀，要是真到了那一天，妈都没脸活了……"

"所以，我就留下来了？"我故作轻松地说，其时眼泪早已不听话地掉落了许多。我有时特别恨自己的眼眶，怎么那么浅，眼泪轻轻松松就能跑出来？可是这一次，我有什么理由让自己不落泪呢？

母亲见了我流泪，笑着说："没出息，哭啥呀？不是没拿你换吗。妈虽然没文化，但是听说过'千金不换'，女儿家都是千金，所以拿什么都不能换，什么东西也没有我这五个大闺女金贵……"

母亲懵懂的解释让我哭着笑出了声。"千金不换"原来是这个意思，我上了那么多年的学，念了那么多书，竟然没有咂摸出来，它是说自己的孩子都如同金子般珍贵，所以不能换，绝对不能换……

打伞的小孩

下雨的黄昏。

雨从开始的牛毛细雨逐渐加大了力度，算不上瓢泼，但淋湿衣服还是如探囊取物。街边梧桐的叶子满心欢喜，肥肥的身躯在雨里翠绿地招摇着。美女们见雨势加大，不得不一改小雨时的优雅，忘掉了摇曳生姿，拼命用高跟鞋细碎而凌乱地叩打着马路。我也随着很多人跑进附近的一家超市，挤挤挨挨地在门口一边躲雨一边思忖着要不要到超市买点东西。

一把红色的小伞突然出现在眼前，伞下是一个大约四五岁的小女孩。我之所以注意到了这把红色的小伞，不是因为它的鲜亮，而是因为这个小伞的下面还有她的妈妈弯着腰和小女孩尽量保持着同样的高度，屁股却露在了伞的外面，被雨淋湿了一大片，惹得不少人笑出了声。小女孩儿则狠狠地以怒视还以颜色，同时又将伞向后移了移，对妈妈说："这样就淋不到后面了吧？"

"嗯，这样就淋不到了，谢谢我的宝贝儿，幸亏有你给妈妈撑伞，不然妈妈就淋成落汤鸡了。"伞下的妈妈对此竟然毫不知情，只顾弯腰走着，一脸幸福地和女儿说着。可雨势不见小，噼里啪啦地落在红色的小伞上，溅起一颗颗水花，落在母亲高昂着的臀部，湿答答的一片。那雨又从伞的一侧顽皮地落在小女孩的另一侧的手臂上，整

一把小伞，一个眼神，一剪小小的身影，或许不能成为生活下去的绝对理由，但一天天的日子却因为它的存在而变得宽慰和欣喜起来。

条胳膊都湿漉漉的。

　　一把小伞如何能够遮住两个人的身躯？但她们却硬生生地挤在了一起。母亲如何不知道这一点？只是她更加贪恋和女儿在一起紧紧依偎的感觉吧！都说"女儿是妈妈的小棉袄"，果然！那么一个小小的孩子，就已经懂得心疼妈妈，她宁可自己淋湿也要高举着小伞保护妈妈，她更要用自己最严厉的目光来维护妈妈的尊严。

　　有这样一双为妈妈举伞的小手，有这样捍卫妈妈的炯炯的目光，再柔弱的女子也会拼尽全力在万头攒动的人群里为女儿争取一片面包，永不放弃。

　　怎么能放弃呢？小小的她尚且如此坚定地呵护着你，做母亲的怎么能够轻言放弃？怎么能够自甘堕落？所以，原本只是坐在书房读书的小姐如今成了超市里的常客，原本连米虫都不敢摸的胆小鬼现在却摇身变为杀鸡宰鱼的高手，原本稀里糊涂的马大哈如今也学会了细致入微……

　　这世上，不知有多少这样的小伞，想用稚嫩的情怀为妈妈撑起一片晴空，想用他们小小的坚强和妈妈一同穿梭在风里雨里，和妈妈一同抵挡生命里的寒流。在惊喜与感动之余，亦不知让多少怯懦易折的女子修炼成不屈不挠的伟大母亲，一路向前去。

　　生命是一个复杂的论题，一把小伞，一个眼神，一剪小小的身影，或许不能成为生活下去的绝对理由，但一天天的日子却因为它的存在而变得宽慰和欣喜起来。

我有一个角落

每个周末都会陪老公孩子四处溜达，竟忙得毫无情绪可言。不想今天，却有机会一个人依窗而立，头枕着春日暖暖的阳光，看窗外杨柳轻舞，满以为慵懒惬意会流遍全身，可油然而生的竟是一种怅然。

这怅然源起何处，我竟不得而知。我猜想，它或许无关于春天，无关于阳光和绿柳，或许只是起于楼下理发店音响里飘来的那首《父老乡亲》——"啊，父老乡亲，啊，父老乡亲，树高千尺也忘不了根……"

年少轻狂时，对家和家乡的感觉就是吃够了的玉米面粥以及面朝黄土背朝天的辛劳，总想着快快长大，到外面的世界看一看，但如今生活在远离家乡的另一座城市，灯红酒绿、高楼林立、车水马龙……一切的繁华都尽收眼底，可心却总在某一个时刻莫名地空荡起来，不知道用什么来填补。尤其每次从老家回城后，更是如此。

记得有一年国庆节放假，老公要加班，所以我独自回家。从家回来的时候，整个车的后备厢塞得满满的，倒也不是什么稀奇物件，不过是些家乡的豆面、花生、黏玉米之类的土特产，还有两桶自家压榨的花生油，以及邻居表嫂晒的干瓜。对了，还有几块座垫，都是用废旧的毛线编织的，方方正正，颜色搭配也鲜亮，放在餐桌的四把椅子上正好。老公一边往家里搬运，一边笑我，说我这哪里是回家，纯粹是扫荡。

终于全部搬到楼上，我便开始和老公聊起家乡的事来，比如，隔壁

可能，在每一个人的心灵深处，都有那么一个小小的角落是留给她最原始的那个家园的，这个角落未必大，但很深，哪怕爱情也无法填补。

的三叔现在在镇里开了饭馆，钱多得乌泱乌泱的；对门二哥的孩子与第三个媳妇又离婚了，还带走了一个孩子；四姐的公公去世了，我们随了一千块钱的丧礼；村里的人对现任干部不满，集体上访；今年县里的领导到家里慰问我妈这个建国前的老党员了；还有，现在人们都不爱种地了，因为到处都是小工厂，人们随便就能挣到两三千块钱……

我正说得兴致勃勃时，老公捂住了我的嘴，失落地说："你心里有没有这个老公啊，我辛苦加班你不陪我，回来连句问候都没有，一直说着老家的事，东扯葫芦西扯瓢，就是不管老公，哼，伤自尊了！"边说，老公还嘴角下垂，两眼紧闭，眉头锁成一团，给了我一个伤心欲绝的表情。我知道，老公不至于伤心欲绝，但他的话的确让我一惊。

是啊，我一直都在唠叨和老公没有半毛钱关系的事情，那些人他或许连见也没见过。可是，那一群仔细说来与我也没有多大关系，如今也常常一两年都见不上面的人，却总是成为我愿意谈论的对象，他们的一举一动、一颦一笑，他们生活里的点点滴滴都如同天空里那些闪亮的星星，不经意地惹我注目。

难道这就是乡情了吗？

我想起了柳宗元的诗，"若为化得身千亿，散上峰头望故乡"。我思乡从未觉得苦，也远远到不了"化得身千亿"的程度，但却有种千丝万缕的缠绵，如同夕阳下的炊烟，就在你一转身、一抬头的某一个瞬间映入你的眼帘、沁入你的肌骨。那一刻的欣喜与感动，会永远藏身于心灵的一隅，没人能够理解，也没人能够清除，就连我们生死相依的爱人也一样无法走进那个角落。

这样的乡情又何止于我自己呢？那些漂泊在外的人，不论男女，不分长幼，可能在每一个人的心灵深处，都有那么一个小小的角落是留给她最原始的那个家园的，这个角落未必大，但很深，哪怕爱情也无法填补。

看你长大，送你离开

都说"儿行千里母担忧"，可是在我们还是孩子的时候这句话的意义不过是一句感叹或一句感激而已，总是不能有个透彻的理解。因为我们不是母亲，自然无法理解这担忧究竟是个什么物件。我自然也是因为有了儿子，才慢慢领悟了这担忧原来并非有什么了不起的事由，不过是些针头线脑的零碎儿。

第一次体会这样的担忧是儿子断奶之后，婆婆要带儿子回老家一周。那时儿子才一岁三个月，刚刚会喊爸爸妈妈和单个的字，我总担心我不在身边他会害怕，会想我，会吃不饱饭，会因晚上踢被子冻感冒。还没到要走的日子，我已经在被窝里偷偷哭过几场。我想各种理由劝慰自己，比如婆婆把他的儿子拉扯得很好，比如儿子一直都是婆婆带的，比如家里条件还不错，比如这样我可以轻松自由，想逛街就逛街，想逛多久就逛多久……可是，千万个理由还是抵不过一个"儿子要离开我"，所以依旧在夜里哭醒，摸摸儿子的小手小脸，然后哭得越发肆虐起来。

送儿子和婆婆坐上车，我一整天没有回家，木然地在各个商场、公园之间行尸走肉般地游荡，直到老公下班有人陪伴我才敢踏进空荡荡的屋子。可回到家里又睹物思人，看他的小玩具我哭，看见他的小床我哭，看了动画片哭，看了他的小尿盆也哭，总之一切事物都一下子与儿

父母子女一场，其最真实的面目大概就是孩子一次一次远行，父母一次一次目送……

子有了各种没来由的联系，死死拽住我的心和喉咙，生疼。

老公劝我说："儿子总要长大的呀，他早晚还不是离开咱们自己闯世界？现在他是小，以后他大了你要是这样不成了扯后腿的了？再说，你别老一厢情愿地把儿子往自己身上贴，人家大小也是个'人'，未必就像你一样舍不得离开你哦！"

想想也是，我们真正相依为命、合二为一的日子也不过就那两百八十多天。脐带一剪断，我们就成了两个人，既然是两个人，就必定不可能时时刻刻在一起。从怀孕到分娩的过程就是如此，起初那一枚小小的种子在我的肚子里生根发芽，然后慢慢长大，我的肚子越来越大，我的幸福越来越满，我肚子里的小人越来越强壮，直到有一天，当他足够强壮时，"嘭"地一下就出生了，他就那样毫不犹豫地离开了我的身体。从此，我与他之间便开始了数也数不尽的离开与送别。

儿子两岁时，由于种种原因我决定送他上幼儿园。我把儿子交到老师手里，然后在教室外面听他哭着喊"妈妈"，我心如刀绞，我不忍再听，转身离开。可是十分钟后，我不争气的两脚又回到了教室外面，而此时的儿子正坐在老师的腿上咯咯地笑着。终于有一天，在幼儿园门口，我对他挥手说"再见"时，儿子漫不经心地回应"再见"。

明年儿子就要上小学了。一上学就意味着他是个不折不扣的小大人了，他会在放学后独自找同学去玩耍，他会将我的细心呵护视作麻烦，他会在考试不如意时将试卷藏起，他也会自己找东西填饱肚子——他开始不那么需要我了。

我也幻想着儿子上中学的样子，他会头也不回地与我挥手说"再见"，他会自作主张购买黑色的太阳镜来耍酷，他会有不愿告诉我的青春萌动，他会对我的某些做法嗤之以鼻，会将我的嘱托当作碎碎念……

——他开始在我们二人之间的剧本里增加戏份，而我则慢慢从主角退化成配角，甚至有一天我会成为一个跑龙套的可有可无的小角色。总会有那么一天，当我满怀热忱翻出他的胎毛，他出生时的小手印，他的第一张涂鸦时，他会说"赶紧扔了吧"，因为他不再那么依恋我，当然也包括那些回忆。

再然后，他会远去求学，并且不会在每个假期都回家，他有自己的安排，或者游玩，或者学习，或者其他什么事情，但他的安排里常常不包括我。他还会结婚生子，组成他们的小小的家，那时我便成了外人，偶尔去小住我会睡在客房……

是的，每一次挥手作别，离孩子的距离都会远一点，更远一点。并且在某一个毫无征兆的日子，淡出他的世界，最终变成电话里的叮咛，手机里的短信，信纸上的墨迹，甚至一张挂在墙上的照片而已。他或许从第一次从容地和我说再见时就早已忘记了，在他还是那么小的孩子的时候，曾经那么依恋妈妈，需要妈妈拉着他的手，需要妈妈拍着他睡觉。

可是，这就是人生。时光总是要丰满孩子的羽翼，带他们飞去更远的地方，同时也会让母亲变得干涸，和不再重要。可是，这又有什么好悲哀的呢？长大原本就与离开同意，这是从一开始，就知道的啊。

想到这儿，我也豁然轻松——

捏捏儿子睡得红红的小脸，心里想着：你别看你现在那么小，那么依恋妈妈，很快，你就长大了，知道不？

落叶归根

正月初二回娘家，在家里与姐姐们打了几天麻将，累到头昏脑涨脖子酸。我们对打牌其实并无多大的兴趣，只是姐妹们在一起图个乐呵，从无大赌，一块两块，一天一夜赢的输的不过几十块钱。但四姐最是胡搅蛮缠，每天必要到后半夜才肯放我们下桌，谁说也不行。母亲若是发话，她便将一米七二的大身板躺在母亲怀里，拿着三四岁孩子的语气撒娇："妈妈，我要玩麻将嘛，妈妈，你让我玩儿嘛……"嗲到母亲乐不可支，我们几个也笑岔了气。我知道，她也不是为的打牌，只是借着不让我们下桌来多饶几句舌，多弄点乐子而已。于是，我们连续两三个晚上，玩儿到凌晨一两点。我虽年轻，但最是熬不了夜，几天下来，心情无比欢畅，但身体却像要快散架了一般。

初六下午回京，原想可以好好歇一歇，但刚一回来就听公公婆婆说明天要走个亲戚。亲戚？在北京的亲戚就两家，一家是老公的二叔，与我们一个小区，且初一就去了。另一家是我舅舅，想来他们不会替我安排看望舅舅的时间。所以，一定另有人家。

仔细听来，竟然有一段久远的家族历史。早在上个世纪三十年代的时候，老公的大爷爷（也就是老公爷爷的亲哥哥）不堪生活的穷困，带着一家人闯了关东，只有一个已嫁的女儿留在了老家。七十多年里，世事变迁，他们与家里唯一的联系便是这个留下来的女儿。他们的消息也只有通过这个女儿传递给老公的爷爷以及所有家里的人，包括我的公公。

后来公公参了军，虽然远离家乡，但还是时常与东北的这一家联系。早年是书信，后来他们每逢春节都会打个电话，寄去老家人对漂泊在外的游子的惦记，也捎回游子对家的想念，只是我不知道而已。如今，大爷爷早已作古，就连他的孩子也相继去世，近些年与公公相互联系的已经是和我们同辈分的哥哥了。

今年正月大抵也是如此，东北的哥哥打电话拜年，说自己在北京，公公恰好也在，于是两个哥哥带着老婆孩子拿了若干的礼品来拜访公公——这位从不曾谋面的叔叔。听公公说，来的两个哥哥进门的第一句话就是——叔啊，总算找到家啦。还几度热泪盈眶，话语哽咽到走了腔调。何止他们？公公与我们讲述的时候，我也能感觉到他的兴奋和激动，如同一位老者找到失散多年的孩子，那一份满足和欣慰早已溢于言表。

所以，我们也定是要去两个哥哥的家里拜访一下的。说是家，其实是因为大哥的孩子前两年来北京谋生，所以租了房子，去年冬季大哥也搬来同住，位置并非北京，连郊县也算不上。但相较于东北，这已经算是到了家门口了。我们驱车一个半小时，终于来到大哥的住所，一家人早已将家里打扫得干干净净，茶几上摆放了各式的水果、糖果以及坚果，大哥不停地给我们倒茶，递东西要我们吃，那茶明明刚喝两口，又要倒上，嘴里的橘子还没咽下去，就又举了葡萄到眼前。那股热情着实让我感动，幸亏儿子拿了手机玩游戏不停地向我炫耀他的赫赫战果，不然我这个外姓的媳妇都要流下泪来。

中饭选在了楼下的一家餐厅，餐厅很不错，进门处鱼戏莲花，给冬季的寒冷蒙了一层淡淡的暖意，华丽的水晶灯又配了复古的楼梯，不免让人想起早年的欧洲宫廷。包间是整个餐厅最大的一个，粉红色的盘花如温柔的侍女静静等候她的座上宾。看得出，大哥一定是精心挑选的餐厅，来款待他心上的亲人。

大哥生在东北，长在东北，热情豪爽，又加之亲人团聚，席间与公公推杯换盏，酒敬了又敬，菜夹了又夹，话说了又说。大哥说：

"叔，你什么时候回老家，叫上我，我一定得回老家看看，就住在你那儿。"

"好，就这么说定了！到时候你可别上午到了下午就说走，必须得陪我几天，听见没？"

"一定的，叔。我现在可算找到家了，能说走就走吗？哎，说也奇怪，年轻的时候忙这忙那，倒没怎么太想家，可这些年不知道怎么的，总是想回老家看看，总觉得那里才是自己的根……落叶归根，我算是体会了。"

"就是啊，到啥时候你也姓蔡，到啥时候那一片土才是咱们的家。"

我又一度要掉下泪来，赶紧夹了一块卤鸭肝放到儿子的盘子里，叫他快吃，儿子又问我放筷子的那个小瓷托叫什么，我告诉他叫筷枕，又胡乱说了几句才将眼泪又转了回去。

走的时候，大哥百般相送，早已喝得微醺，此时话更多了起来，只是翻来倒去、A面B面都是那一肠子的想家，要回去。听得人想笑，又笑不出来。

如今眼看雨水节气将至，天气渐渐回暖，惊蛰一过，老人就要回到老家去，不知道那时大哥会不会真的回到他从未去过的老家，也不知道当他踏上那一片祖辈们辛苦劳作的土地时会是怎样的心情……

婆婆妈妈

女人嫁男人，总是考虑各种条件，比如房子、车子、存款、长相、能力、性格、人品……唯独婆婆不在考虑之列，因为女人压根儿也没想和婆婆一起住，或者压根儿就没想拿婆婆当作一家人。我记得在我小时候常听那些待字闺中的女儿家说起自己找婆家的条件，叫作所谓的"三金一踹加两甩"，意思是男方的陪嫁需要有三金（金项链、金戒指和金耳环）、一辆摩托车，两甩则是说不能和公公婆婆一起生活。

那时候这个说法很是流行，看似不近情理，但这正是因为中国长久以来婆婆对儿媳的苛待所致，不然怎么会有"多年的媳妇熬成婆"的释放感？时至今日，多数婆婆早已不再是阶级敌人的角色，但儿媳与婆婆的关系却也没有融洽到如同母女。

我与婆婆大致也是如此，且经历了一个跌宕起伏的过程。

与老公确定关系，到结婚后的三年里，我们在每年的春节和国庆节长假回家探望公婆，那时一年里在一起的时间总共不过四五天，可以说根本没有在一个屋檐下生活，且我们回家大包小包地带，他们在家好吃好喝地伺候，所以关系尚可，至少没有发生过争执。

但我怀孕后，婆婆来伺候月子并帮我带孩子，在一起的时间一下子从一年的几天增加到全年365天，低头不见抬头见，我的缺点开始慢

在一起久了，婆婆也就成了妈妈。她在时你常嫌她唠叨，觉得她这做不好那做不好，可她突然走了，你又觉得心里酸酸的。这何尝不是另一种亲情呢？

慢暴露，婆婆也开始唠叨，虽然没有义正词严地警告，但话里话外嫌我不爱收拾屋子的意思还是流露得淋漓尽致。我也开始对婆婆的某些做法产生了微词，比如每当我和老公开玩笑要贫嘴时，她总要插嘴偏袒老公，一场愉快的玩笑常因为她的拉偏架弄得不欢而散。

我向老公抱怨，可老公能怎么样呢？那是十月怀他的娘啊！就这样，尴尬的关系一直到儿子快两岁的时候，一场战争终于爆发。起因是一次儿研所的免费智商和情商测验，测验的结果是儿子的智商很高，但性格太过内向，不爱交流，医生建议我们给孩子报个亲子班多接触新环境。于是我和老公开始在家附近的各个幼教机构间穿梭起来，最终选定一家名为bingo的地方，但正要下决心时，老师又说像儿子这么好的专注力简直太少了，不如上全天，那样的话老师不仅仅是对他进行性格方面的引导，同时还可以进行智力、体力等全方位的引导。况且如他这么大上全天的也没问题，还说他们那里有两个小朋友一岁就来了。我们怀着无比惊讶的心情去看望了两个小宝宝，不料人家一点都不羞怯，还伸出小手对我们说"嗨，哈喽"。当时就觉得我儿子也应该接受这样的教育，毋庸置疑。不仅如此，我们也想让婆婆解脱了，一来她之前摔过的腰椎总是疼，二来公公一个人在家孤孤单单。于是，我们当即决定了这件事。

可没想到的是，婆婆对此大为光火，一定说是因为我们讨厌她所以才让儿子提前上幼儿园，当时我瞬间觉得我不是我了，而是窦娥转世，六月飞雪根本不足以表达我的冤情，至少那雪得把我埋了。可无论怎么解释，婆婆就是不肯听，一口咬定我们是在撵她。

没有办法，为了让儿子早些接受专业的早教，这黑锅只能背了。

直到现在，婆婆仍旧耿耿于怀，几次提起来，她依旧义愤填膺，想来对她的伤害也是极深的。

后来，婆婆很少来我这里，偶尔来住几天便回去，彼此相安无事，日子又恢复了平静。只是从前年起，婆婆和公公冬天的时候会到我这里过冬，在一起的时日又多了起来，她依旧有意无意地教导我，我也糊里糊涂地听着，偶尔撒个娇伸出手给她摸，并说："妈，你看，我这手这么细腻，哪里能刷碗啊？"或者她说我也要学着做针线活时，我会调皮地说："有个万能婆婆就行了。"

她便不再多说，等到有了合适的机会，她的谆谆教导就会再次与我的插科打诨交锋。一次又一次，婆婆乐此不疲，而我则无所谓又无所谓，心想：虽然是婆婆，可嘴里喊的也是"妈"，有"妈妈"在身边，哪个孩子不得偷懒躲闲呢？一来我可以多写几篇未必有人喜欢的稿子，二来那种有"妈妈"照顾的感觉也着实不错呢。

可婆婆是早就盼着春暖花开，她好回到她的家里，她总是说他们在这儿，彼此都不方便、不自在。这的确是的，原本是三口之家，一下子多出两个大人来，的确也扰乱了我的生活秩序。比如原本只属于儿子自己的小屋，现在多了爷爷奶奶，甚至连小朋友来了都不能尽情招待；比如电视，以前儿子不看动画片时电视由我做主，可现在还要照顾老人的习惯，我则只能猫在屋里和电脑为伴；比如卫生，原本我一天拖一次地家里就保持得不错，可现在又不一样……

但阳春三月霍地一下到来，公公婆婆真的收拾东西要走时，我倒生出许多的不舍来。尤其是送他们走后，回到屋里，突然感觉没着没落的，心都空荡了起来。就连厨房后面那个逼仄的小晾台，如今都好像变大了数倍，到处都是空的。

打从那天晚上开始，我又操持起了一应家务，洗衣做饭、刷碗拖地，有时会突然想起婆婆唠唠叨叨的话语，嘴角便有一丝笑意，自语道：老了就是婆婆妈妈的。说这话时，仿佛我在说我妈一样。又突然觉得这个词可以做另外一番解释，那就是婆婆和妈妈其实是放在一起的，起先是婆婆，后来慢慢地就成了妈妈，就不知不觉地生出若干的情分来，也就不再那么看不惯她，因为她已经成了你的亲人。

去年冬天，婆婆和公公又来我这儿了。一转眼，春天又要来了，天气一暖，他们就会回到老家去，我又要有大半年听不到他们婆婆妈妈的唠叨，大大小小的不舍又开始在我的脑海里跳来跳去了。

母亲做的书包

苏童在《雨和瓦》里说：假如有铺满青瓦的屋顶，我不认为雨是恐怖的事物；假如你母亲曾经在雨声中为你缝制新衣，我不认为你会有一个孤独的心。

母亲肯定为我缝过新衣，但我不记得是在雨里，我能记得的在雨里缝制的是一个书包。那时，我七岁，九月份就要上学了，母亲为我缝制的就是我要用之装载知识和希望的容器。那一夜就下着雨，不算太大，但滴滴答答落在屋外的叶子和晒南瓜干的铁板上也很有动静。我躺在炕上，母亲盘腿坐在我旁边，盛放针头线脑的笸箩里放满各色的碎布头，母亲用剪子将那些碎布剪成叶片的形状，花花绿绿的一大堆。然后，又将这些剪好的布片一个一个用糨糊粘在一块整齐的布上。我问：

"妈，这样粘会不会掉了呀？"

"掉不了，等粘好了还得用线缝上呢。"母亲说。

我那时尚不知道别的孩子将要背着怎样的书包上学，只觉得自己的书包将是全世界最漂亮的一个，因为我眼看着母亲如同变魔术一样将那些零零碎碎的布片转眼间变成了一个如同铜钱一样的图案，还为"铜钱"镶了边。

我想象着开学的那一天，我背着这样好看的书包走进教室，然后将它放在课桌旁边，每一个从我身边经过的人应该都会对我的书包仔细打量一番吧。需要补充的是，那时的课桌不像现在这样有一个桌斗，贫穷的农村小学课桌其实就是窄餐桌的样子，书包没有地方放，只能挂在课桌的侧面。

真到了上学的那一天，我背着这个五颜六色的书包走进教室，坐在第二排的位置，书包挂在我的左侧，里面有两本书，语文、数学，以及两个作业本、铅笔、橡皮和一把用来削铅笔的小刀。书包的大小正合适，足能够装下这些东西，但又不至于太过空荡。

我每天背着这个书包上学放学，将学来的字说给母亲，一周后我被选为班长，上课时老师一走进教室，我就大声喊"起立"，老师冲我们点下头，我再喊"坐下"，然后老师开始上课。下课时，老师说"下课"，我又喊"起立"，接着老师点头，我喊"下课"，同学们便可以作鸟兽散，打闹的打闹，上厕所的上厕所。但第一次我太紧张，所以下课时老师一点头，我就慌慌张张地喊"坐下"，同学们哈哈大笑，我尴尬得要哭，老师安慰我说："没事儿，下节课记着。"之后，我再没喊错过。

在第一次年终考试时我便得了第一名，被评为了"三好学生"，得了奖状以及两根带有橡皮的铅笔，一路小跑回家，母亲高兴得立刻拿了要糊窗户的糨糊在墙上最显眼的地方刷了两下，将我的奖状端端正正贴了上去——我猜那是她一生里为数不多的荣耀。村里的熟人见了母亲总不免要夸我几句，说我聪明，爱上学，妈妈常会谦虚地说："聪明啥呀，笨着呢。"但我看得出，母亲的心里早已乐开了花儿了。

那个书包我背了好些年，到现在也还记得它的样子，也记得那个小雨的夜晚，母亲一针一线缝制它的场景。我想，我喜欢这书包，也不止是因为它好看，而是因为我可以说："这是我妈做的。"我觉得我说这句话的时候比拿了奖状还带劲儿。

我一天天长大，母亲一天天变老。十多年前，母亲突然借了村里唯一保留下来的一台织布机，从村里的铁矿要来很多尚未用过的擦机器用的棉线，一团一团堆在院子里，像一座小山。她将那些线团里的线一条一条择出来，打成绺，然后又绕成梭子大小，经纬分开，结实一点的线用作经线，不太好的就用作纬线。然后，她就像长在了织布机上一样，梭子从母亲的手中来回奔忙，那各色条纹的布匹就一点一点从织布机里流下来。

起初的日子，我们都很新奇，但时日久了怕母亲太累，便不让她再织，理由是：织这布有什么用啊？可母亲说："用倒是没有，我就是想给你们几个留个念想，等到我死后，你们想我的时候能拿出来看看，心里想着：这是我妈给我留的呢。"

是啊，以后不管有多少风里雨里的岁月，有母亲亲手织就的爱在身边，还有什么可怕的呢？于是，我们便不再阻拦。

母亲断断续续织了两年的时间，终于给我们姐妹五人，每个人都弄了一大包。四个姐姐离母亲很近，近水楼台，总惦记着最好看的布匹，但母亲却给我留了起来，说："这个给小五儿，你们都大了，不能跟她争。"

"妈，你总是偏心……"姐姐们争辩。

"她小啊。"母亲只有这一个理由。

"妈，她都多大了，三十几了，还说她小。"姐姐们再争。

"三十多也比你们小啊。"

"妈，你就一直宠着她吧，你这叫溺爱。"

姐姐们也并非想要争得一块更好看的布，只是这样的事情多了，姐姐们常拿这事跟母亲贫几句嘴。至于母亲要留给我们的东西，哪有好坏之分，即便再粗糙，也是我们人生中最美好的陪伴。

于是，我不用出面就得了最好看的几块。我回家的时候便赶紧带了回来，认真包好，放在床底——离我睡觉最近的地方。这样我便每晚都枕着母亲的爱来睡觉，香香甜甜，安安稳稳，就算外面风雨再大，于我也不能再算作是可怕的事。

第二辑

有一个人，如初遇，如诀别

谁的往昔里，没有一个怦然心动的人儿？青春年少，花影飘摇，城南旧事，水一样流过心底最最柔软的地方……

只是想听你说"我爱你"

我敢断定，大凡女人都曾经对自己的男人说过这两句话：

"你根本就不爱我！"

"你一点都不关心我！"

当然，与此类似的话，诸如"你真的喜欢我吗？""你就爱对我撒谎！""在你心里我一点都不重要！"等，也是女人们最容易咆哮而出的。

女人说这话究竟有几分是发自内心，感觉男人真的不爱自己、不关心自己了呢？很多时候嘴就那么不受管束地说了出来，可是说的时候自己又在回想着男人的千好万好，自己都能够推翻这些荒唐的论点，但还是要说，若不说几句这样的话，一场纠葛就会像六月的连阴天，总是没个停的时候，即便你似乎已经感觉着风要停雨要住，可用不了一会儿的工夫，狂风便会卷积着乌云再次重来。

与他相识、相知、相恋、结婚、生子，漫长的岁月里我不知道说过多少次"你根本不爱我"，我明知道这不是真的，但说的时候还是会鼻子泛酸、喉咙发疼、泪眼婆娑。然后，他便开始急赤白脸地为自己辩护，说他多么爱我，有时也会举出若干以往的美好的事例用以佐证他爱我是千真万确、毋庸置疑的。也有时

女人常会对她的男人言不由衷，但这绝不是无理取闹。你要知道，她能对你言不由衷，说明她爱你；而她对你言不由衷，也不过是想骗你说些她想听的话而已。

恰逢他的脾气没那么好，便会气急败坏，没好气地说："我怎么不爱你？我不爱你能……"

不管我当时因为什么事情生气，也不管生了多么大的气，只要听他这样说，心里就舒坦了许多。

慢慢地，我终于明白，原来我这样言不由衷无非是想证明他爱我，他在乎我。那一刻，我感觉由衷地得意，因为我不经意设下的圈套，却诱骗他说出了那么多真心的情话。至于言不由衷时的泪水，我想那应该是恐惧，是自己的瞎话吓到了自己，生怕会应验了呢。

所以，我对他说，我的言不由衷是可以原谅的，甚至是他要庆幸的。因为我若真的感到他不爱我、不关心我，我是不会说与他听的，这样的饶舌有什么意思呢？我只离开就好了。

所以，亲爱的，当我言不由衷或无理取闹时，只是想诱骗你说几句我爱听的情话而已，你只要乖乖地说上几句就风平浪静了。若有一天，你真的不再爱我，我一定不会说了。有哪个女人愿意对着一个不爱自己的人说"爱与不爱"的话题呢？

爱的理由

对于我，从一个冬季到另一个冬季其实并不需要一年的时间，因为我怕冷，每年要直到清明时节我才感觉到暖意，而一到秋分就又一头栽进冬天的寒冷之中，手和脚就开始了新一轮的冰冻游戏。白天有事可做，手脚活动着也算不上多么难过，只是每天晚上钻进被窝，木木然地躺着，手和脚就更加地冷。

好在女人总是幸运的。我曾读过一篇文章，说：男人是人肉暖炉，女人可以把冷冰冰的一双脚丫挤到男人暖洋洋的肚子上取暖。

这可真是一位聪明的女人。于是，我也效仿。但我担心我的脚太凉，会让老公肚子疼，所以我选择让我的脚丫于他两腿之间取暖，两手放在他的腋窝下。老公每每会骂我丧尽天良、蛇蝎心肠、最毒妇人心之类的言辞，但我不管，我只说"不然放你肚子上"，他便会放弃挣扎与争辩，乖乖就犯。

有时，老公不平衡，抱怨说："我的脚冷了能放你两腿间取暖吗？"我立刻说："能啊，只是可惜，你的脚从来都不冷。"老公便更加地抱怨凭什么只有女人的脚会冷，凭什么男人的脚就是热的？

是啊，男人的脚为什么不冷呢？

是因为男人火力壮吗？是因为他们的末肢血液循环得好吗？我想一定不会是这样的原因，至少在爱情里不是。在爱情里，男人的脚之所以不冷是因为每个男人都有一双属于他的女人的小脚丫等着他去暖，好比他的肩膀就是要留给她靠的，他的腿就是留给她坐的……既然如此，男人的脚怎么能冷？男人的肩怎么能弱？男人的腿怎么可以不结实？

以前总是我不断追问老公到底为什么爱我？每次他都说不知道，反正就是爱。有一次，被我追问急了，他反过来问我，"那么你到底为什么爱我？"

我愕然，我到底为什么爱他？为什么愿意将一生都委身于他，为什么有他在身边就觉得日出和黄昏都那样美好？是什么呢？他的学历不高，能力也不过养家糊口，长相说得过去但个头不高，没有那么多甜言蜜语，也不会制造浪漫和惊喜……我到底为什么爱他呢？

思来想去，到底没有答案。眼见老公有些沮丧，我的脑海里突然浮现出冬夜将两脚硬生生钻进他两腿之间的场景，便脱口而出："因为你愿意给我暖脚丫。"

"这是理由吗？"

"当然是啊，你愿意给我暖脚丫，说明你心疼我，怕我冷；你不嫌我的脚丫凉，说明你愿意为我付出。如果你心疼我并且愿意为我付出，难道还不能成为我爱你的理由吗？"

"歪理邪说。"老公白了我一眼。

他大概想让我说我爱他是因为他长得帅，或者他聪明绝顶，或者力大无穷、阳刚霸气、才华横溢、举止儒雅……但我偏不。当我说完了那句话时，我发现自己才是冰雪聪明，终于明白了爱的理由没有那么复杂，只是有个人愿意每天给你暖脚，从不嫌弃，这就够了。

半月的笑，瞬间的泪

想起很多年前在《读者》上看到一篇文章，说：那年三月，女人住进医院，被诊断为癌症。花红柳绿的春天在她眼里瞬间变得暗淡无光。男人来陪护，见了医生护士、亲朋好友却仍旧谈笑风生，上楼下楼风风火火，有时还哼着小曲儿，没有一点忧愁的样子。女人躺在床上有些怨恨：我都不知道能不能活过今年，你还有心思笑！

半个月的时间里，男人丝毫不顾女人的怨恨，依然脚步明快，心情爽朗，还时常给女人讲几个搞笑的段子，女人没心情听，常常只有他自己乐得前仰后合。女人越发生气，觉得自己当初瞎了眼，竟然嫁了这样一个没心没肝没情意的家伙。

半个月后的一天，医生会诊给出了最后的诊断——不是癌症。女人和所有在场的亲人都欣喜若狂，却只有男人眼泪唰地一下淌了满脸。他一把握住医生的手，使劲摇着，只是摇着，一句话也说不出来。

医生护士的眼睛都湿了，所有的亲友都惊呆了，而女人软软地从床上起来，抱住男人的腰说："若有来生，不嫁别人。"

女人也爱男人，却和男人爱女人不一样。女人的爱是涓涓溪水，男人的爱是大河东流；女人总愿意在男人悲伤时为他轻轻擦去眼角的泪水，男人却希望用自己的"不在乎"让女人放宽心；女人喜欢在男

男人爱女人，与女人爱男人不一样。他们常会在狂风暴雨时嬉笑，又会在雨过天晴后流泪。

人平安回家时将心里的石头放下，男人却会在终于见到女人的时刻怒发冲冠……

男人的爱原本就显得粗糙和意外。所以——

若你的病榻前有个男人故作快活，请不要怨恨，他只是想让你放轻松，而他自己早已拼尽了全力来演好这一场并不轻松的戏码。

若你晚归时他对你大吼大叫，请不要恼怒，他只是太过担心，而在你没回来之前他是多么提心吊胆、惴惴不安啊。

我常对尚未结婚的闺密说：若你遇到这样的男人，就嫁了吧。

无味的晚餐

一个人吃晚饭，总会有的吧。人生路上，就算我们有再多愿意为我们赴汤蹈火的朋友、知己，也总免不掉会有一个人吃饭的时候。

小的时候，父母若是出门，只剩自己吃饭，一定会想方设法多跟父母要几个零花钱，然后买上一些自己喜欢吃的零食，当然那时物质供应相对贫乏，所谓零食不过是小饼干、果丹皮、橘子水之类，但有了这些日常不常吃到的东西，再加上父母预先留好的饭菜，多半能够将一个人吃饭的寂寞一扫而光，甚至还有点贪图下一次仍有这样的美事。

长大后，朋友同事都不少，常常一帮人一起吃，但晚饭多数时候都是自己解决。我总是一个人窝在自己租住的小屋，随意弄些东西来吃，比如在回来的路上买个煎饼果子，或是坐在路边吃几个烤串儿，有时买一包瓜子边吃边看电视，如果心情允许也许会煮上一碗清汤面，或做个蔬菜沙拉……总之，不要太麻烦，早早吃完，早早做点自己想做的事。所以，那时一个人吃晚饭没有任何讲究，只求速战速决，至于吃的过程以及吃什么都没有关系。

再后来有了自己的另一半，有了自己的小家，虽然白天忙碌，但晚餐却给了我另外的感受。看他每日辛苦奔波，觉得若是晚餐再不能吃得随心，真是于心不忍。于是，我开始学会逛菜市场，知道各种菜的营养，开始计较他的口味咸淡，学会估算他到家的时间，尝试各大菜系的做法……

　　还有，很奇怪的是，明明知道晚餐不能吃得太好、太多，还是忍不住做上好些他爱吃的菜，总喜欢看他狼吞虎咽地将盘子们都扫光光。期间，听他说一说一天的工作，或是有一搭没一搭地聊聊天气，也或者什么都不说，只要他坐在那里吃，我的心就莫名地充实起来。

　　有时我会想，一顿晚餐，因了一个人的存在竟然可以生出许多的情怀来。我大概早已迷恋上了这样的情怀，所以每次我煞费苦心地做好饭菜，他却打电话说不回来吃时，心情便会低落到了极点。

　　还是那样的晚餐，饭菜还是香喷喷的，为什么因了这个人没有与你同吃就索然无味了呢？我最是害怕那样的心情了。

　　记得有一次我在书店闲逛，无意中瞥见一本食谱，随手翻看了一下，不想就被其中一道川菜吸引，那红艳艳的小辣椒个个都很俏皮，如同笑颜如花的孩子让人忍不住想咬上一口。我立马拿出纸笔，记下食材和流程，赶回家来制作，只等他推门而入的一刻看他惊喜的模样。然而，天有不测风云，在我刚刚做好这道菜时，他却打来电话说晚上要开会，就在单位吃了。一瞬间，那些小辣椒变成了死呆呆的红色木屑，毫无生机可言。我站在灶台前，不知这晚餐要如何进行。

　　怎么办呢？自己吃吧，好久没吃辣味，应该不错吧。可是一个人的晚餐如今显得那样无所谓，甚至这道大菜根本没有走上餐桌，我只用筷子夹了些放在米饭上，端了碗坐在沙发上看着电视糊里糊涂打发了它。

　　为何如此呢？饭也还是那个饭，菜也还是那道菜，只是缺了那个人一同来吃，一切就都变了样。只是少了他说太咸或太淡，这晚餐里所有的味道都成了寂寞；没有他在身边唠叨，所有的感受都是孤单。即使我不停地告诉自己：他只是开会而已，又不是不要你。

　　可是这饭菜，这饭菜，就是没滋味儿……

初恋

很多人都知道，我在初二之前学习成绩一直都是班里乃至整个年级里一流的，曾经代表学校参加过多次奥数、英语以及作文竞赛，尽管从来没有获得什么值得炫耀的奖项，但至少说明我在学校里是出类拔萃的。

后来我的学习成绩开始向下滑，从前三甲逐渐滚落到前六甲，后来就到了十几甲，到初中毕业时竟然连县里的高中都没考上，只够上区片高中。这其中的原因，是很多人都不知道的。

其实，也没什么，就是我遇到了我的初恋男友，全校成绩排名中屈指可数的差。但他就坐在我后边，每天需要为他提供作业供他抄。每次接过我作业本的时候，我都能看到他含情脉脉的眼光，似笑非笑——他的眼睛乌黑乌黑的，就那样将秋波一漾一漾地推向我。我觉得他的眼就是"桃花潭水"，且深不见底，让我一沉再沉。

那时觉得他特别帅气，除了成绩差，其他都是一百二十分。他最特别的地方在于将一辆崭新的山地车用了不到一天的工夫就变成了一辆光秃秃的铁架子，除了车轮、车把、链条、刹车和车座之外，所有的东西都被他拆掉了。对了，他还留下了车铃铛。

他第一次晚上叫我出来的场景，我还历历在目。那天是星期五，放学我正收拾书包时，他凑过来低声说："晚上我去找你。"他说这句话的时候，眼睛毫不避讳地看着我，我则看到了浓浓的甜蜜。走出校门时，我发

初恋是件有意思的事儿，是不管你们最后走没走到一起，都让人终身不忘其时的美好。

现路边的树叶更绿了，连一向不招庄稼人待见的麻雀也变得可爱起来。

夏季不仅炎热，还昼长夜短，真是让人讨厌。那个令人激动的夜晚怎么也不快点到来，慢吞吞地让我搓火儿。我又有些害怕，他会给我怎样的讯号呢？直接闯进我家里，想必他是不敢的，虽然成绩差，但他一定懂得这是早恋，是要偷偷来做的。那么吹口哨？这个有可能，男生总是能将手指放进嘴里，然后吹出凄厉的响声来，有时在学校里碰见，他就对我吹过，然后笑着从我身边掠过，我便一下子掉进棉花糖里，又软又甜。

八点时，我们吃过晚饭，但父亲和母亲还在门口纳凉。我吓得不敢出屋，生怕他们看见我有什么异常举动，在父母面前露了馅儿，要知道我可是传统家教里的乖乖女，事情败露，不死我也得掉层皮。

八点半时，我实在坐不住，电视也无聊，我拿了脸盆接了热水洗头发，洗完头发我端了脸盆故意将水泼到门口，可是，长长的一条街上除了坐在各家门口纳凉的大人，哪里有什么四处张望的身影或是骑得飞快的自行车呢？能划破夜空的口哨声也没有响起。我有些失望，又突然间恍然大悟——他根本就不知我家在哪儿！我们从来没说起过呀！

好吧，安心睡觉去。

快九点钟时，父亲和母亲以及街上纳凉的人们都各自收拾了坐垫、板凳，往院子里走，我做了睡前最后一项准备——到茅厕清理了一下膀胱，顺便将这份期盼埋好准备睡了。就在这时，一阵车铃声响起，那股清脆直到今日我都没能找到一个合适的比喻来形容。但我隐约知道，他来了。

我跑回屋里，对母亲说："妈，我忘了一道作业题，我去找燕子问一下。"妈说："明天再问不行吗？非得大晚上的去，人家要是睡了呢？"

"她要是睡了，我就回来呗。"我故作轻松地说。

燕子就在我家的斜对面，只隔了一条街道，又不是深夜，母亲便放我一人去了。我关好大门，站在门口，大约几十米的地方有个人影，我断定是他，果断地走了过去。

他右手推着自行车，左手拉起我的手，我只顾低着头，大脑一片混乱，没去看他的表情，只觉得那少年的手略有些粗糙，比我的手大且硬。还是他先开了口：

"我怕两天见不到你，会想你。"

"嗯。"我说。

"'嗯'是什么意思啊？"

"不知道。"

这话现在听起来好像女孩故意在撒娇，但事实上，我的确不知道我在说什么，更别说是什么意思了。

他把我往前拉了拉，又说："以后还让我来吗？"

"嗯。"

这一次我明白我说的是什么意思了，那意思就是我上钩了。从那以后，我的成绩开始变得不那么好了，因为我上课的时候总觉得他在后面用那种暧昧的眼神看着我，这让我脸颊发热并且变得不自在。我会在课堂上一遍又一遍想起他说的话，想起他接过我作业本时故意碰我的手，想起他那辆光秃秃的自行车，以及他将我拉近时自己"怦怦"的心跳。

这便是我的初恋，从没一起吃过饭，也没一道儿回家，除了一片教室门前芙蓉树上掉落的叶子，他甚至一个小小的礼物都没有送过。但那清澈透明的年纪啊，就只因为一汤匙的糖，整条小溪都甘甜无比。

转眼毕业，我读高中，他不知去向，我们的初恋无疾而终。

大约六七年后，我在车站等车，突然走过来一个人，说："别等了，那边修路，去滦县的车改道了，坐我车走吧。"

"是你？"我才看出，竟然是他。

"是啊，不认识了？"

"认识，你怎么知道我要去滦县？"

"你不是从那坐火车去天津上学吗？"

"这你也知道？"

"好歹咱们也……呵呵，是不是啊？还能一点都不关心啊？"

我再次掉进了棉花糖里，一路都没能扑腾出来。有那么几分钟，我特别想伸出手放在他的手上，但我又担心他一分神，我俩就跟车一起翻进马路沟子，便作罢了。

下车时，他先跳下去，然后绕到右侧，打开车门，将我抱了下去。忘了说了，他开的不是什么高级轿车，而是拉渣土的大八轮车，车身极高，上车时我手脚并用才爬了上去，下车时无论如何要跳才行。

这是他第一次抱我，不出意外的话也应该是最后一次。

从那一次见面到现在已经十几年了，我一直没能再见到他，听说他早已娶妻生子了，日子过得还不错。我只在梦里又碰到过他几次，有时说些无关紧要的话，有时又掉进棉花糖里。每一次梦醒，我总是禁不住感慨：初恋真是件奇怪的事儿，即便没有在一起，即便多年不相见，心里却总是记挂着，不能忘怀当时的美好。

捣一次小小的蛋

我向来不喜吃酸，但偏偏爱吃醋，总担心有一天会有个莫名其妙的女子闯进我的生活，把我描述成不堪入目的黄脸婆，然后大摇大摆地拉着孩子他爸飘然远去。为此，每天晚上检查一下某人的手机就成了我的必修课。当然，他是不在意的，他说他愿意做我的透明人。我呢，当然也从没有找到什么有价值的线索。只是每晚摸一摸他的手机成了习惯，只要他没有慌张或是不许，我便踏实。

但翻看得久了，也会有些腻歪。有什么意思呢？无非看看手机里的短信和通话记录，他若真有了不能见人的情感，想必回家前早已经处理得干干净净了。不过，那一晚我竟然突发奇想，将老公手机里我的名字换成了他老板的名字，等待第二天捣蛋。

第二天的安排是逛家居市场，房子住了七八年，好些家具已经旧了，留在卧室或客厅总觉得有些碍眼，我们早就想换，几番纠结后终于狠心咬牙开始行动。

时机是需要等的，他在身边的时候可没有办法动手。不过，妙就妙在一小时后老公要去茅厕。我在外面便拨通了他的手机，怯怯地问：

"是蔡工吗？"

他说："是。"

我故作迟疑："呃，那个，你能来单位一下吗？公司出了点事儿。"

"好，好，我马上去。"

不到五秒钟老公就跑了出来，神色慌张，拉着我就往外走，边走边说："单位出事了，我现在要去一趟，我先把你送回家，快点。"

"怎么了？"

"刚才我们老板娘给我打了电话，说公司出事了，肯定是大事，不然老板娘不会打电话，她从不参与公司的事，所以可能是老板有什么事了。"他猜测得合情合理，却大大出乎我的意料。

我跟着他一路跑到门口，停下脚步说："你别去了。"

"那怎么行？我好歹也是公司的元老，怎么能不管不问呢？快点。"

"那个，那个……"我终于忍也忍不住，"那个，电话是我打的。"

"你打的？"

"嗯，我昨天晚上把名字换了……"

看着他气急败坏我笑到不能自已，笑到肚腹抽筋，笑到店员和顾客侧目——实在是过瘾。当时老公就把名字改了，他以"混蛋"为名重新储存了我的号码，直到现在四五年了还没有给我"正名"。我问老公为何不改，总不至于生我的气到现在吧。

老公说："怎么会生气呢，这么调皮的小丫头，我要记她一辈子。"

我从没想过，一次小小的捣蛋竟能让老公看到另外一个我，且无比珍惜。所以啊，爱情的甜蜜固然让人垂涎，但一味的甜腻也难免让人忘记了它的美好。其实爱情里的女人原本就应该是个尚未长大的小女孩，有时恬静如水，有时机灵搞怪，这样的女人才完美，这样的爱情才新鲜。

爱情已经来过

北方是没有梅雨季节的，但每年的夏季也总有那么一段时间阴雨连绵，不见天日。有时一场雨才刚刚停下，另一片夹着雨的云就又赶了过来。让人担心长此以往，一切东西就要发了霉，就连心都铺上了青苔。

但雨总有停下的时候，接着便是火辣辣的太阳登场，将一切重又以最大火力烘干，不留一点情面，直晒得姑娘的脸上香汗直滴，可那汗滴还没有落地就被炙烤得蒸发到了天空里。于是，人们又被热得哭爹喊娘。

好在，阴天晴天都不会固执到老，总是会换脚稍息或回家小憩。只是人们无论是在晴天还是在雨天，心里总不是个滋味。才刚刚逃离了连阴天就咒骂恼人的太阳，才下了两天雨又牢骚起了道路的泥泞和发霉的情绪。

为什么那么快就忘了初遇阴雨时的凉爽和才见阳光时的明朗呢？这一点像极了爱情。

初坠情网时，觉得自己与他的每一天都是一部鸿篇巨制，至少是一本清新温婉的小说，每一件事都非同寻常。就像一首老歌唱的那样：

谈恋爱跟某某某/爱情开始在月光底下走/一片稻禾几把心火/烧得令人愁愁愁/和她在路边救小狗/情诗写到酸了手/为她在雨中发誓戒烟戒酒/让她怪我多情难忍受/为爱情冲昏头/忠言逆耳没朋友/爱上她不要家/心头

难容一粒沙/傻等候情飞走/爱到入神没药救/没有她不习惯/爱像烛火随风儿转/爱像烛火随风儿转/转得我好乱。

　　但时光如流水，那些水晶似的岁月终于被擦拭成了混沌的毛玻璃，开始觉得别人的爱情才是炫目的旗帜，自己不过是灶台桌案上一块油渍麻花的抹布。虽然不甘，但却无奈，因为还爱着，也只得瓦全。

　　再后来，连自己也不再说爱，只在听得他人的爱情或观看一场电影时流一流自己的眼泪罢了。枕边的那个人，除了鼾声便再没有其他的语言了。有时也恍惚起来，仿佛当年自己如同早起赶车的人，不知是起得太早还是睡过了头，总之没有遇上那一辆载着最合适的他的车子，所以一段电光火石般的恋爱才无从发生。

　　多么遗憾，竟然没有一段刻骨铭心的爱情，婚姻自是要"岁月静好，现世安稳"，可没有一段波澜壮阔的爱情总不免有些失落。《水浒传》里有一句说，"一腔热血要卖与识货的主"，如今一腔热血先被当作狗血不说，更是被贱卖了。这也不算，被贱卖的狗血还悲壮地宣扬"爱是付出、是成全、是任劳任怨、是不求惊涛骇浪"，还年复一年生生将锦缎般的年华熬成了一锅粥糊糊。

　　唉，假若当初——

　　当初？当初不是也很好的吗？那些以往的美好一股脑又回来了，爬山、戏水、煲电话粥，相聚笑、离别苦……也都有的呀。只是这现实的岁月里，那些春花秋月的情事少了，但还是有的呀。又想起泰戈尔的那句话："天空没有翅膀的痕迹，而我已经飞过。"岁月没有爱情的痕迹，但我相信爱情已经来过。

　　并且，活着，就得爱着。哪怕你的爱小得如同一根稻草，不能做茅草屋避风雨，不能打米熬粥果腹饥，也不能劈烧成炭取温暖。但是握在手中，终归是个念想。哪怕它再小，都是属于你的独一无二的爱情。因为它来过，所以你才能在今天幸福地唠叨着……

相爱不难，难的是坚持下去

暮色里归来，见一对尚且穿着校服的学生在当街亲热，女孩齐耳的短发被男孩已经日渐粗大的手掌摩挲得有些凌乱。我猜想那女孩稚嫩的粉脸此时定然娇羞万分，不然怎么会那么不留缝隙地贴在男孩的胸膛？那男孩也一定喜欢极了眼前这个女孩，否则他怎么会那样沉迷于她的发香？

我暗想：那两个孩子的心里一定波澜翻滚，想想也是，如此轻轻的年纪就走进爱里，哪能那么坦然？别说是情窦初开的孩子，就算是情场上老练的男男女女，若是面对一段真正的爱情不也是心旌荡漾吗？

是啊，爱情原本就该轰轰烈烈，不是吗？若从开始的那一天就平淡如水，怎么能算得上爱情呢？可是，这世上的爱情又总是有那么多的不如意，两个原本爱得死去活来的人却常常在转瞬之间形同陌路，多么遗憾！如同一朵娇艳的花儿在眨眼间就残败一样，惹人伤心落泪。

于是，人们开始向往天长地久，期盼海枯石烂。希望自己能够和相爱的人走过银婚、金婚、钻石婚。可是，又有多少人能够真正携手走过一辈子呢？

我想起父亲和母亲。出生在民国时期的他们，自然是没有这轰轰烈烈的爱情，但他们却携手走过了整整六十年，直到父亲去世。记得母亲说，父亲年轻时爱犯胃病，可那个贫穷的年月除了玉米碴粥是唯一能够果腹的东西，哪里有什么能够让胃舒服的食物呢？所以，母亲总是早早起床

激情相拥的恋人看上去也许更显爱的火热与浓烈，但一鼎一镬里的牵手才更有其长相厮守的恩情啊。

把粥熬了又熬，直到那粥烂得不成样子才给父亲端上。也想起父亲临终前拉着母亲的手说："我没事，你别老看着我了，快去吃点饭。"

原来这一蔬一饭里的天长地久竟是这样意味深长啊。

爱情是会变的。最初时霓虹闪烁、波光艳影，多的是红酒与玫瑰，缥缈世外。但是关系越长久，爱就越来越失去其浪漫，变得越发的具体起来，从雅到俗，从精神到肉体。热恋时她会问他"你的心情好吗？"或者对他说"问世间，情为何物，直教生死相许"，结婚后她问他"今晚想吃白菜还是菜花？"或者"你的痔疮膏抹了吗？"

拥有一份灿美如花的爱情或许并不困难，但若能够坚持到把爱情化作一粥一饭则并不容易。拥有爱情只需要找到彼此都动心的人，而坚持下去则需要你在冰箱里为他留一半西瓜，在寒夜里不断给他的杯子斟上热水，在他出门时告诉他哪件衣服最合适。

所以，每当我看见相爱的两人手牵着手从菜市场出来，对着刚买的菜喜笑颜开时，一颗心就忍不住感动起来。激情相拥的恋人也许更能显示爱的火热与浓烈，但是一鼎一镬里的牵手却更有其长相厮守的恩情啊！

想你，是因为

有没有在一个寂静的夜晚，看着窗外灯火阑珊，突然被思念吞没，然后开始想念一个人，从发梢到脚趾，从微笑到皱眉，从亲吻到挥手，从一切没来由的零零碎碎到一切没来由的碎碎零零……是啊，想你，竟然有那么多密密麻麻的理由，俯拾皆是——

我想你，是因为你总是在某一个不知名的时刻突然闯入我的脑海，我无法摆脱，无处可逃，只能想你。

我想你，是因为你曾在盛夏时节为我在冰箱留了一半西瓜，并且是最甜的那一部分，然后你静静地等我回来。

我想你，是因为在寒风刺骨的夜里，我可以在你的怀抱里取暖，比火炉还暖，比太阳还暖，它们都比不过你的胸膛和肚腹，那是我最温柔、最温暖的天堂。

我想你，是因为你说每当月圆的时候就会想起我，于是在每一个月圆之夜我也会想你，在每一个月不圆的夜晚想你说过的话。

我想你，是因为我曾经坐在你自行车的横梁上，你的脸落在我的发上，任风如何疯狂地吹，就是吹不走。吹不走的，还有你的气息和你在我耳边的呢语。

我想你，是因为我想找一个秘密的地方，把我们上一刻钟美丽的恋情像松鼠秘藏坚果一样藏起来，在下一刻钟可以随时拿出来甜蜜一番。

我想你，是因为你有时还像个孩子，怕你夏天会中暑，冬天会感冒，也怕你早上不吃饭，晚上踢被子，要是那样我可怎么好？

我想你，是因为我的口袋里装满了你的故事，你有几次大难不死，你小时候如何淘气惹厌，你打水漂时多么厉害。还有，还有，你那些让我笑到肚子疼的糗事都在我的口袋里，随手一摸就是一大把。

我想你，是因为我刚刚化了一个浓妆，厚厚的眼影、卷卷的睫毛、红艳的嘴唇，我想让你看看，看你还能不能认出我来，看你是喜欢素净的我还是火热的我。

我想你，是因为我弄不明白，为什么有时候依你如父，有时候又怜你如子；为什么有时候想要成为你的女皇，有时候又甘心做你的奴婢；为什么有时候爱你如自己，有时候又气你如仇人。

我想你，是因为想再听听你跟我说，那一年是如何偷偷喜欢上我，如何在远处偷偷凝视着我，如何才下了最后的决心向我表白，当然我还想让你再表演一次那天的场景。

我想你，是因为我刚刚读到李清照的词，词中说：红藕香残玉簟秋，轻解罗裳，独上兰舟。云中谁寄锦书来？雁字回时，月满西楼。花自飘零水自流，一种相思，两处闲愁。此情无计可消除，才下眉头，却上心头——若是你在身边，若是我读你听，那该多好。

我想你，是因为你的T恤还在我这里，宽宽大大，穿在我的身上如一床棉被，柔柔软软，虽然无比宽松，却怎么也脱不下来，我使劲往下拽，可它就是调皮地黏在我身上，不肯下来，这个捣蛋鬼，可真是的！

我想你，是因为你做了很多事，你牵了我的手，吻了我的脸，还用你的手臂量了我的腰围，又把我贴在胸前假装比身高，你还把我抱起让我仰面看天空，你对那个看我的男生说"看什么看"，你还用手帮我拿走嘴角的饭粒，悄悄递给我餐巾纸让我擦鼻涕，你还……算了，不说了，说得越多，想得越多。

我想你，是因为你说了很多话，你说我是你最最心爱的女孩儿，说我是一个胖胖的月亮女神，说等你回来给我做红烧肉，说你每时每刻都在想我，说明年春天采一大把野花全部戴在我的头上，说我要是不嫁给你就咬掉我的牙齿——我吓坏了，立刻就答应了。

其实，我想你，不过是因为我爱上了你。

织一件毛衣给你

夜里翻看很多年前的日记，其中有这样一句：成就一段爱情就像编织一件毛衣，建立的时候需要一针一线，小心而漫长，但拆除的时候，却只需轻轻一拉。

我还记得那一晚陪娟儿坐在校园内的情景：正是立冬的节气，冬季的寒冷已经全面来袭，落叶萧瑟，惨白的月光照得树影越发的斑驳。昔日里宽厚的梧桐树叶干巴巴地吊在枝头，稀稀落落，梧桐子倒是颇显丰盛，但在冷飕飕的冬夜里也看不出半点喜庆。

娟儿就那样呆呆地坐在石凳上，我在臀下垫了本书，递给娟儿一本，她流着泪说"不凉"。大概相比于她的心来说，石凳还算是温暖的吧。一向以爱说话自诩的我此时竟不知和娟儿说些什么，我知道所有的语言都毫无意义，除非那个负心的人走上前来对娟儿说"别哭了，我会心疼的"。

可是，他怎么可能会这样说呢？他那样决绝地和娟儿分了手。我还记得娟用了两个多月的时间一针一线为他编织毛衣，只为在平安夜里，他能暖暖地穿上。可是，娟儿哪里会织毛衣？所以，她四处找人教她，她那样认真地学，一丝不苟地织，就连一点不平整都不允许。娟儿说："毛衣是暖身的东西，必须得平平整整，舒舒服服，要不然穿在身上就算可以御寒也觉得拧巴。"为了织好这件毛衣，娟儿的手都

成就一段爱情就像编织一件毛衣，建立的时候需要一针一线，小心而漫长，但拆除的时候，却只需轻轻一拉。

磨出了茧子，可她那幸福的神情要比手上的茧子厚实得多。她还特意学了比较繁复的织法，她要给他的毛衣织上麻花，她说："男人都好面子，要是女朋友给织的毛衣不够出色，他该多纠结呀。不穿吧，肯定怕我不高兴；穿吧，又怕被人取笑女朋友太笨。所以呀，一定要织得漂亮，不让他为难。"

多么贴心的女子。

可是那个将要收到毛衣的人呢？竟然在圣诞节前的平安夜里对娟儿说："对不起，我们分手吧。"一句"对不起"就结束了一段爱情。爱情竟然如此脆弱吗？那些日日夜夜累积起来的欢快和甜蜜就在一句话之间烟消云散了吗？难道他都忘了吗？

是啊，他都忘了。他不仅忘了娟儿对他的好，也忘了他是如何费尽心机才牵到了娟儿的手。那时的他，每天都会找些莫名其妙的理由跑到我们宿舍，寻找各种有的没的话茬和娟儿搭讪，他曾经在每一个下雨的日子背着娟儿去上课，他曾经不惜跑上几个超市去寻找娟儿最爱吃的雪糕。他也忘了，他们为了能天长地久约法三章，为了征得家人的同意提心吊胆，为了毕业后奔赴同一个城市四处奔波……

那么多的点点滴滴，却在短短的一句"对不起"后瞬间崩塌。娟儿想不明白，纵使夜越来越深，风越来越冷，她还是如雕塑一般呆坐着。那一刻的娟儿，如同乐府里那个被夫所抛弃的旧人，心里竟还是有一千个一万个舍不得。

大概，这便是女人的死穴，一旦爱上就再难割舍，哪怕遍体鳞伤依然追着随着。所以，如张爱玲那样才华横溢的女子，在爱上胡兰成后，也低下高傲的头，来倾尽小女子所有的温柔。张爱玲在给胡兰成的照片的背面写道：当一个女子爱上一个男子，就会变得很低很低，低到尘埃里。但她的心里是欢喜的，从尘埃里开出花来。如此清傲而又有才情的一个女子，怎么会甘愿低到尘埃里去，并且从尘埃里开出欢喜的花来呢？

月上中天的时候，娟儿忽地起身，说："让你跟着我挨冷受冻了，回屋睡觉吧。"我愣愣地看着娟儿，以为这是她要做傻事的前兆。她只笑着说："我不会去死的，我想明白了。我和他这一段爱情就像编织的那件毛衣，织的时候一针一线，小心漫长，但拆的时候，就只要轻轻一拉。看起来好像挺残酷，但很多事不都一样吗？建造一座大楼，一砖一瓦，精打细算，可是要拆的时候，还不是瞬间就爆破了？……"

谢天谢地，在寒风里瑟瑟地坐了半宿，终于开悟了。

失恋

人生总有些日子是灰色的，如失恋。

曾经为你蓝的天，如今变得灰暗莫测；曾经为你柔的柳，如今也变得轻浮矫情起来。那个时候，红叶满山，你看到了爱的火热；如今红叶依然，你却只觉秋风瑟瑟。

失恋，就像沙漏，而泪水和心痛，是那涓流的沙，每一次思念的翻转，都是一次撕心裂肺的决堤。你还会不由自主地走到约会的老地方，还会想打电话嘱咐他加衣裳，一切如常，但又瞬间惊醒。

我是害怕失恋的，或者说是喜欢逃避的。见事情不妙，我会想方设法先一步离开，因为我担心面对失恋我会不知所措。可有人先离开，就会有人觉得失恋，那后一步离开的人就须得承受被抛下的苦。杰就是这样无辜地承受了一次我因逃避而给他的失恋。

大二时与杰已有一年多的交往，但我总是隐约感觉他不是那么爱我。所以，我主动"请辞"，给杰写了一封八页纸的长信，其中找了些什么理由，如今我已不记得，但我还保留着杰给我的回信。信中他说：

我们真的分手了吗？一年多的时间就这么瞬间消失了吗？

看着你转身离开，多想抓住你的手，可是我还抓得住吗？第一次拥抱，我的心跳得快要跑出来；可这最后一次拥抱，我的心疼得快要碎掉。

退一步望去，失恋也是一番风景。恋的温馨与失的凄冷，如同生命旅途中的一次跌宕，危崖泻瀑，失重落魄的同时，又溅玉飞珠。

在以后的两年里，我将一个人度过了，没有人陪我看电影，没有人陪我吃饭。我们连见面都难了吧，打水的路上，通往校门口的路上，再也不会有我们连在一起的身影，我再也不用去成绩栏里偷偷看你的成绩了，再也不用因想你而失眠，再也不用了……

其实，难过的不止杰，还有我。每一个先转身的人都会心存愧疚，我也一样。杰的这封信直到现在我仍然保留着，我偶尔还会拿出来看看，满心都是"对不住"。不知是不是因为自己制造了一场失恋，后来的我倒无比怀念和杰的过去，也常常对杰多了几分惦念，很想知道他的消息，很想能够和他偶然相遇。或许现在的杰早已为人夫、为人父了，他也会百般心疼那个女人吧，他也会把孩子举得高高地逗他（或者她）笑吧。他会把我狠狠地忘了吧，因为痛过，所以他会走得更干脆和彻底吧，他大概不会像我一样还时常怀念过去了，更不会有心思去想象无数种与我相遇的场景吧。

——在我俩的事情上，我想，他终究是比我更轻松的，至少在今后的大半生里是这样的吧。

所以，失恋未必就是坏事。痛苦是一定的，但退一步望去，失恋也未尝不是另一番风景。恋的温馨与失的凄冷，如同生命旅途中的一次跌宕，危崖泻瀑，失重落魄的同时，又溅玉飞珠。这何尝不是生命的大观？

更何况，失恋绝不是因为你不够好，只是你们彼此并非对方的最爱而已！假若你或那个他无法再忍受下去，那么就算勉强牵手也没有意思，干脆失恋吧，各自回到原点，各走各路，不在于谁对谁错，更无关谁好谁坏，又给了自己一个机会而已！当然，失恋后，也许一直都遇不上你喜欢的，这也难免。细想想，性格、家庭、教育等各个方面都不甚相同的人，哪那么容易就与子偕老了？那也没关系，总比把自己吊在树上又摘不到苹果强啊，至少现在你可以在树下随意溜达了。

错的时间错的地点遇到对的人

不过是一场工作的调动，他就来到了她的身边，一个是翩翩佳公子，一个是羞花美娇娘。

那就爱吧。

苏给我讲的时候，都不敢相信她的爱情来得如此突然，让她措手不及。可是那翩翩佳公子是有家的呀。苏也见过那可爱的孩子在他的怀里撒娇，他棱角分明的五官总在孩子或哭或笑的瞬间融为一汪水，柔柔的，生怕太硬伤着孩子。

"墙总是要透风的吧。"苏说，"我只能走了，我再也看不下去他那样的痛苦和无助了，我若真爱他就该让他快乐平静地生活。"

可爱情有时又太过黏人，你明明甩了手，它却偏偏不知不觉又跑来你的身边。苏说她离开一年后，两人竟然无意中遇见。一切恢复如昨，只是不能常常见面，只有他到这个城市出差时两人才得见面。说是经常，可一年不过两三次。

苏就这样为着一年仅有的几次见面坚守着她的爱情。有好几次，苏满不在乎地说："执子之手，与子偕老。人世间哪有这样从开始一直美到结尾的爱情？倒不如这样，聚少离多，至少彼此的记忆里都是最美的画面，这才不辜负爱情呢。"

也有好几次，苏流着泪说："'两情若是长久时，又岂在朝朝暮暮'，这样的爱情听起来的确很美。可是，年华易逝，我们都已经三十多了，我和他一生的爱情也许不过是几次小聚而已。这一生还能见他几次呢？"

"他爱你吗？"我问。

"爱。"她答。

"何以见得？"我问。

"何以见得呢？可能在你们看来只要他不离婚、不娶我，其他都算不上爱。可是，在我看来不是这样。他会争取每一个来这里的机会见我，他会小心翼翼地把汤吹凉，会不辞辛苦陪我逛街，会一勺一勺喂我吃饭，会在我生病时急得眼圈发红，会因为我说分手痛苦地撞墙……如果这都不算爱，那么什么才是爱呢？婚姻吗？有了婚姻又怎样？还不是那么多人结了又离了。"

"那你哭什么？"我问。

"我哭是因为我无法忍受被人骂，人们说我臭不要脸，连亲人都看不起我。而他呢？也一样不好过。人们在背后指指点点他怎么能不知道？可是，能怎么样呢？他有了一个三岁的女儿啊。那个小小的孩子那么需要他，我怎么忍心和她去争。"

我无话可说，只得递了一张纸巾给她。我宁愿和苏一样，相信他是爱她的。这世间或许就有这样的爱情吧，不能长相厮守，不能谈婚论嫁，不能正大光明，彼此要承受更多的苦，但却不被祝福。

可是，她有什么错呢？

她不过是爱上了一个属于别人的人。她付出同样的真情，却只能在被人戳着鼻子骂时笑着回应。她只能把眼泪往肚子里吞，她的难过有几个人明白呢？看着苏哭得那样委屈，我忍不住想，没有尝过这种爱情的人是不是该善待他们一点，哪怕就一点呢？

他们都是笃信爱情的人，只不过是在错的时间错的地点遇到了对的人，如此而已。

怎么舍得让你输

我考上大学的时候刚刚实行自费和公费并轨，所以大学好考了，我大概就是这么混进大学里的。虽然如此，在祖宗八辈都是贫农的我的家里，以及乡亲们的眼里，我依然是飞上枝头变凤凰的楷模。

我记得很清楚，母亲不止一次和我说："总算供你上了大学，以后也找个大学生，俩人就算是城里人了，再不用脸朝黄土背朝天地种地了。"

可我最终选择的那个人虽然不用种地，但却没有文凭，只是一个小小的初中毕业生。与这个小小的初中毕业生相识也算是缘分，我上初三的那一年，流行一种所谓的"环球游戏"，就是交笔友，于千万人之中与他相遇，我们都怀了各种激动开始了长达八年的飞鸽传书，更将彼此视作知己，无话不谈。

直到有一年，他到学校看我，一切都是那么自然，见面的前一刻还以朋友自居，可见了面就忽地一下成了恋人。恋爱总是美好的，但恋爱偏偏不止是两个人的。

当我向家里人坦白时，他们集体选择了沉默。然后，我妈说："我原本打算着你也找个大学生呢，妈没文化，盼着你们都有文化，那多好。"我姐说："别的都好说，你们现在一个月见不了两面自然是有话说，就怕是时间长了没有共同语言，那样的话日子就难过了。"我爸说："她们说的没错，不过呢，你都二十多了，就自己做主吧。我们当

> 一场爱情就是一场赌注，对女人是，对男人也是。只要一选择，就都是拿了彼此的一生做赌注。你若真爱他，怎么舍得让他输呢？

父母的能提醒的已经提醒了，到时候觉得不合适了你别怪我们不管你就行了。"

据说婆婆也是百般的不乐意，如今几次问起她来，她都拒不承认（我也是傻，事到如今，她怎么可能承认呢），只说担心儿子会因此走得太远。不管怎样，他也和我一样，陷入了两难境地。不知道是不是因为有了阻力，我们才更加坚定了在一起的决心，总之最后结婚了，如今儿子都已经六岁了。重要的是，他已经是母亲最为得意的女婿了，亲友也都说我有眼光。究其原因，重要的也许不是因为他对我好，而是如今一个小小的初中毕业生竟然能够奋发努力，从一个小小的初中毕业生成了一名不错的软件工程师。日子说不上富裕，但足可以让我不必为生计发愁。

说起老公的经历，别人看来如同传奇，但我知道那些年他有多努力。那时，他白天上班，晚上就到夜大补习功课，常常回到住所时已是午夜时分；他第一份做软件的工作，几乎是求来的，那家公司原本没打算录用他，但他一次又一次拿着自己做的东西给人看，只要人家说哪里还不够好，他就立刻修正，然后再去。因为那是唯一一家给了他面试机会的公司，他必须抓住。万分感谢公司的领导，到底被他感动，让他最终进了这一行。只进来怎么行？他没有专业的知识做依靠，一切都要靠摸索，初中时英语尚且不能及格，如今要面对全英文的代码，哪就那么容易？

我真是心疼无比。好在，一切都是过往了。

一次闲来无事，我问他："那些年为什么那么努力？"他沉默了一会儿，说："那时没有一个人看好我们俩，只有你坚定地要跟着我。你拿了一生的幸福做赌注，我怎么舍得让你输呢？"

他说这句话，算来已有四五年了，可在我的心里却如同刚刚发芽的种子，生命力正旺盛着呢。我和他，不过是这滚滚红尘中一对普通得不能再普通的男女，没有惊涛骇浪的故事，也没有曲折离奇的情节。但就这样一句淡淡的言语，却有我一生都感念不尽的恩情。

要不要花男人的钱

男女在一起恋爱，总免不掉要一起吃饭和购物，那么花谁的钱呢？说到钱，那些满脑子都是情啊爱啊的人总不免觉得俗气，似乎一谈到钱这爱情就从白豆腐变成了臭豆腐，就从玫瑰花变成了狗尾巴草，就从天使变成了灰堆旁的灰姑娘，简直让人没法接受。

前日与一位正在恋爱的朋友聊天，她说："女人还是自立一点好，所谓经济基础决定上层建筑，我自己比他挣得不少，干吗要花他的钱呢？"

"干吗不花呢？"我说。

"谈恋爱说钱，多俗啊，恋爱是纯洁的好不好？不关乎他的经济能力。我可还年轻呢，你别以你过来人的身份把我挑唆成'现实派'，听到没有？"

"哦，听到了。"

她大概误解了我的意思，也或者我压根儿没有表达清楚。其实我是想说，女人应该花男人的钱，这与"拜金"无关。若是少了，这爱就显得干枯，男人不像男人，女人也不像女人。像张爱玲那么一个自命清高、经济独立的女人，口说从来不花男人的钱，可是当她收到胡兰成送给她的那套昂贵的礼服时，同样欢喜得心花怒放。

可见，花男人的钱时，女人会更像女人，因为女人找到了被男人

爱情无关乎金钱，不要过于在意他有没有钱，只看他是不是愿意为你花；也不要过于计较金钱平等，过于计较也会伤了爱情。

宠爱的感觉，所以也定会倾其温柔来对待这个男人。如此，一切美好就开始了。

试想，一个男人若是连钱都不肯为你花，你跟着他一辈子，莫不是找了个一同租房子住的人？我相信，男人若是真爱女人，他们是愿意给女人花钱的。中国的男人向来是不善于说爱的，他们常常更想要通过某种行动来表达，可是简简单单的日子里，没有那么多坏灯泡等着他换，没有那么多大米需要他扛，更没有接二连三可以让他英雄救美的场面。还好，有那么多可以为女人花钱的机会。男人有时不在意你喜不喜欢，却更在意是否为你花钱。比如，两件礼物，一件你可能喜欢，但廉价得很；另一件你可能不太喜欢，但昂贵体面。说不定，多数男人会选择那个更体面的呢。钱若不花，他们心里也别扭着呢。

只是女人常常不让男人摆这个阔，新女性总是嚷着独立，这或许只是被压抑了几千年的女性，在终于争得了各种可以与男人比肩的权利后，忍不住要急着显示自己的"能"罢了。

所以，女人呢，不要太计较花不花男人钱的事儿。花自己心爱的男人的钱，有什么不可以呢？若是你和他还终日纠缠在谁付账，谁多掏了几块钱上，依我来看，这大概也算不上是爱情了。

替他缓解尴尬

爱一个人就是为他着想，那么，这为他着想是什么呢？是在晚归时留一盏灯？在寒夜里加一件衣？在他悲伤时给他一个拥抱？在他无聊时陪他聊天，而在他烦躁时悄悄走开？

当然是啊，这都是一个人爱另一个人的最最真实的表现。可是，凡尘俗世中的男女也不尽是花前月下的美好，他可能会喝汤被呛到喷了别人一身，可能会在安静的地铁里放了个响屁，可能会在走路时摔个狗啃泥……若是你在，你会怎么样？也会和我一样急着救驾吧。

有一次和老公坐公交，车上人不多。可能是坐得久了觉得无聊，平时不太爱喝水的老公竟然喝起了水。不知是不是因为他心不在焉，不想一口水喝到嘴里，却没能顺利进入胃里，反而拐了弯直奔了气管，当时老公就被呛得狂咳起来。那声音真是惊天动地，全车的乘客都齐刷刷地把包含了好奇、有趣儿、同情等各种情绪的目光抛了过来，连车上的售票员都紧张地瞅着他。

坐在他身后的我赶紧伸出小拳头拍打他的后背，一边拍一边说："唉，唉，都怪我，在水里加糖了，是不是太甜了，嗓子难受了？应该给你带上喉宝的。"

老公一边继续着剧烈的咳嗽，一边疑惑地看了我一眼，十几声咳嗽后终于风平浪静。下车后，老公说："你的脑筋转得还真快，瞬间就编造出一个谎言。你哪有在水里放糖？这分明是我刚刚打开的矿泉水哎。再说，我嗓子也没发炎啊，带什么喉宝啊，咱家有吗？"

"还不是为了你，怕你在那么多人面前尴尬，所以才随口瞎说的，狗咬吕洞宾，不识好人心！"

"哦哦哦，错怪媳妇了，不过，你知道吗，有你这样一说我感觉好多了呢。谢谢媳妇儿。"

说实话，当时真什么都没想，可一看见他那样，大脑就忍不住瞎编出一个故事来，好像他的不雅自己必须要承担一部分责任似的。要不然，自己是断然不忍心看着他一个人遭受别人侧目的。我想，这也是为他着想的一种吧。

以前去部队出差时也经历过这么一回。当时是六七个同事加上部队的陪同人员，一共十个人一同吃饭。我的一个女同事在夹菜时，胳膊抬得低了点，结果一下将自己怀里的餐盘挂了起来，那餐盘翘起一半又重重地掉在玻璃桌面上，叮叮当当响了个彻底。那女同事一惊，胳膊停在了半空中。这时，挨着她坐的一名男同事立刻用自己的手稳住了餐盘，并急忙跟女同事说："对不起，对不起……"然后，还煞有介事地向一同吃饭的我们点头致歉。

两人从此越发亲密，并最终成就了一段姻缘。后来每每提及此事，女同事总是满怀感激地说："当时我都傻眼了，要只是和你们一起吃饭倒也没什么，可还有部队的领导呢，好像咱几辈子没吃过肉似的，幸亏他那么一说，我才不至于被人笑话。"

是啊，为一个人着想就不光是要知冷知热，更要顾着他的心情。为心上人加一件衣服，沏一杯热茶，把他揽在臂弯暖暖地安抚，都是浪漫的，如同玫瑰；替他承担一点难堪，缓解一下尴尬，看似失了情调，却舒适了他的心，如同一团棉花。鲜艳芬芳的玫瑰自然是好的，但那一团不成形的棉花却更加的难能可贵呢。

爱的另一面

儿子大概是从学校学习了反义词，所以一回家就缠着我问"大"的反义词是什么，"高"的反义词是什么，"强壮"的反义词是什么，"开"的反义词是什么。突然之间，发现孩子学了那么多的词语，心生欢喜，于是我一一作答，有些我会选择答对，有些则故意说错，好给儿子一个自我展示的机会。

小孩子就是这么奇怪，哪怕就是这样简单的游戏，他们竟然会乐此不疲。我与儿子坚持了十分钟左右，实在有些招架不住，因为此时的他已经想不到更多的形容词让我说反义词了，像什么"桌子"、"手机"、"摔跤"等名词和动词也都信口胡诌了，甚至还问我"薯片"的反义词是什么。于是，我也开始漫不经心起来，一边搂着他的脖子跟他瞎掰，一边给他剥开心果。他总是喜欢让我给他剥上四五个，然后一下塞进嘴里，大口大口地嚼，似乎那样才能显示他小小男子汉的强壮。我刚剥好了几颗，他便抓住我的手一低头将小嘴盖在开心果上，蠕蠕地将所有开心果全部啃进嘴里，只留我手掌一片潮湿。我正准备他的下一个词语，他却突然转身勒住我的脖子说："妈妈，我爱你。"

哦，真是奇怪，我们的大脑总是受到惯性思维的影响，我听到这句话本能的反应是"儿子，我恨你"。天啊，这怎么可能。

正迷惑时，儿子又说："谢谢妈妈，给我剥开心果。"

呵呵，原来是一场误会。我豁然开朗，心里嘀咕：就说嘛，我怎么可能恨我的宝贝呢，就算我不爱他也断断不会到恨的程度啊。

一想到恨，眼前瞬间出现了若干言情剧里的画面，都是分手后的男女，歇斯底里地喊着："我恨你，我恨你，我恨你——"这喊声又是一次比一次强烈，直至最后的一个"我恨你"几乎是豁出命来地喊，有多大劲儿使多大劲儿，仿佛这恨是对那个人最严厉的惩罚，似乎这一句"我恨你"便可以将负心的那个人打入地狱，永世不得超生一样。

可是爱的另一面真的是恨吗？恨一个人会是让他最难过的方式吗？也未必呢。看过一个小故事，说一对情侣，不知何故分了手。两个月后，偶然相遇，女的对男的说："我恨你。"男的很不快，觉得过去那么多美好的日子竟然换来一句"我恨你"。这不快一直延续了很长时间，每每想起，他多多少少都会有些气愤。但十年过去了，他的心早已渐渐平复，娶妻生子，日子平淡而幸福，只是有时他还会偶尔怀念起那个女孩。有一天，再次遇见女的，他忍不住上前打了个招呼，可是女的却愣愣地看着他，最后尴尬地说："不好意思，是有点面熟，您是……"

男的瞬间凌乱，此刻他才了解，恨一个人也是会疲倦的。彼时的刻骨铭心和撕心裂肺终究不会长长久久地跟在一个人的身后，换句话说，当一个人还恨着你的时候，你在她心里是重要的，当你已经不重要时，她哪里还有时间用来恨你呢？

所以，相比于被遗忘，被人恨着竟是那样不容易。若有人能够恨你十年、二十年、半个世纪，甚至一辈子，你还真应该庆幸了呢。

对不起，我不能相信你上一秒的温柔

"春色恼人"最早是在读王安石的《夜直》时遇到的，诗人说："金炉香烬漏声残，翦翦轻风阵阵寒。春色恼人眠不得，月移花影上栏干。"金炉、漏声、轻风、月色、花影、栏杆，典型的春日美景，如何"眠不得"？看注解，方知诗人不是恼这景色，而是怀念远方的人。心有相思，自然眠不得。

我看春色通常不会"眠不得"，因为我压根就很少失眠，但我也会在白天的时候对春色有所思，不是有远人可念可想，只是担心春日里的翦翦轻风、月移花影会在不经意中消失不见。每年冬季，都是我最为难熬的日子，日渐臃肿的身材加上厚厚的衣物更加不堪入目不说，光是冬日的冷就让我窒息。所以，我盼望春日大略比旁人更急切一些，看到春的模样时也更惊喜一些。春天时，总是在某个不知名的混沌的日子突然就看到了排山倒海的桃红柳绿，空气里也四处裹挟着蚀骨的花香，还有那夺魂摄魄的暖暖的阳光，生命里所有的美好都齐刷刷地奔了这里来。当此之际，总是让我手足无措，不看什么怕要错过，看了什么又怕错过。所以，每年的春天我就总是在这样的心绪里度过。年月多了，也没有改进，只是渐渐明白春色之所以叫我气恼跺脚，不过是因为我在上一秒还享受着暖暖的阳光，而下一秒它就成了夏日骄阳烤得我皮开肉绽的缘故。

爱情也一样。

这世间不知有多少女子怀揣为着昨天的温柔苦苦地相信明天的美好，可生命莫测、世事无常，上一秒的温柔无法拴住下一秒的厮守，就如同这一刻晴天不能代表下一刻无雨一样。

第一次见到那个瘦弱的女子是在一次集体旅行时，她和他就坐在我和老公的后面，一路上他们有说有笑，她不时娇嗔地对他说："说，你是不是喜欢别人了。""没有，哪有的事，就你啊，就你一个。"他急忙解释。

第二次见到她是因为儿子满月时，老公请他们喝酒，结果自己被灌倒还不算，竟然弄到去医院打点滴的地步。所有人都吓坏了，但都不敢告诉我。直到晚上11点多，见老公还没有回来的意思，我打电话过去，他们才不得不说。我心急火燎找到那家医院时，老公已经神志清醒，其他人已散去，只剩下她和他。

他是老公的领导，她是他的妻。我说我来照顾老公，请他们回家，但是他不肯，一定要等天亮送老公回家才行。我执拗不过，只得由他们去。夜里他们坐在旁边的病床上，甜蜜地依偎着，她的鞋带开了，他毫不犹豫俯身帮她系好；她说有点冷，他便帮她暖着。一点都不顾及自己还是一位领导。老公半睡半醒，只有我头脑清醒地想着这一对璧人，觉得有夫如此，夫复何求？

但半年之后的一天晚上，临睡前老公说："你还记得×××吧，他离婚了。"

"离婚？他们不是很好的吗？"我惊诧万分，似乎比自己要离婚还要难以置信。自己心里一向艳羡的一对儿，竟然要走到离婚的地步，才不过半年的时间呢。

"听说是他有外遇了。"

外遇？这是我认识的人里面第一个与外遇挂了钩的。为什么偏偏是他呢？我脑海里又浮现出两人的甜蜜，"那会儿不是还好好的吗？怎么一转眼就变了？"半年前的那个晚上他们还那样相依相偎，那时应该还没有吧。就算从第二天起认识了某个女孩儿，也总需要交往吧，就算他变了心真到下决心离婚也需要时间决断吧，就算打定主意离婚到一切手续办完也不是一天两天吧。每一件事和每一件事之间竟然都没有个过渡吗？可是，一切都只发生在半年里，那么最后的结论只能是——这个过渡的时间短得惊人。上一秒他还甜言蜜语，下一秒他就移情别恋了。

"太可怕了，爱情竟然这么靠不住。"我说。

"别被吓坏了，要知道这样的事毕竟是少数。像咱俩，到什么时候都不会的，是不是，小宝宝他娘？来，笑一个。不笑？老公给你笑一个。"他说着使劲把嘴向上咧，滑稽得很。老公知道我是个爱胡思乱想的人，所以慢慢学会了在我既将陷入深度思考之前跟我逗闷子，以防我走火入魔。

通常我是会被他逗笑的，但这一次我实在是无法自拔了，悻悻地对他说："他也和妻子说过这样的话吧，也给过她海誓山盟吧。可是怎么样呢？上一秒还卿卿我我，下一秒就分崩离析。要我怎么相信你呢？"

"哎呀，看看你，还不如不跟你说呢，这倒好，本来觉得你自己在家没意思，跟你讲点新闻，八卦一下，结果倒把你给惊着了。"老公无奈地说。

我笑了笑，拍拍老公的脸说："没事了，睡觉吧。"

可是，安静躺下的我心里却依旧惊涛骇浪，看着熟睡的老公，忍不住在心里默默对他说："我和你，固然是从无数个温柔携手走来。可是，上一秒的温柔如何能代表下一秒的厮守？所以，亲爱的，对不起，我不能相信你上一秒的温柔。"

你到底爱他哪一点

"世易时移"、"时过境迁"是谁说的？不过几个字就把昔日的美好转而变成苍凉。你和他已经恋了那么久，早已到了如胶似漆的地步，你甚至期盼着有那么一天，他能手捧玫瑰，单膝跪地，深情款款地对你说"嫁给我吧"。你都已经想好了到时候如何应对，你想：若是他当着众人的面你就假装不同意，一定要让他多跪一会儿；若是只有你自己，那么你就一下子扑到他身上，狠狠咬他一口，只要他一说"疼"你就告诉他"女人就是要男人疼"的。

可你等来的不是这句话，而是他冷冷地说要和你分手。你一下子僵住了，眼泪扑簌簌地掉啊，可是他只当在看一场虚情的表演，仿佛你与他原本就是陌路。只有你自己还记得和他在一起的甜蜜，记得他在你耳畔轻声唤你宝贝。这一刻他的木然如同一个孩子对着气急败坏的母亲做鬼脸一般可恨。绝望和愤怒让你忘却了你是他的乖乖女，你抄起桌上的咖啡泼得他满身满脸都是，看着那棕黄色的液体让他瞬间变成一个小丑，心里痛快多了。

他则当场呆住了，咖啡从他帅气的头上不断滴下，月白色的T恤前襟瞬间被渲染成马桶未冲的颜色，他也早忘了曾经的绅士风度和儒雅做派，狠狠地瞪了你一眼，在安静的餐厅大吼："你干什么？"

"我干什么？我就给你这个没良心的一点颜色看看！"说完，你满

同样是那一句话，同样用了反问的句式，爱着的时候与不爱的时候却有了截然不同的意思。

洒地转身，才走几步又折返回来，将他昔日送你的水晶项链哗啦啦地扔在他面前。

如今回想起当时的那一幕，你禁不住问自己："我到底爱他哪一点啊？"是啊，现在想来，那个人根本就没什么可爱的地方嘛，他好像一点都配不上你，让你为他付出一辈子他可不值得，让你跟他一起度过几十年的后半生你简直太亏了。你由衷地感谢自己——那一杯咖啡泼得真好！

你也想起你们在一起时，这句话也常挂在你的嘴边——"我到底爱他哪一点啊？"那个时候你也知道他并不是那么完美吧，你也早看到了他有点虚荣、有点花心、有点懒惰、有点狭隘，甚至有点自私。可是，那时你说这句话时，竟然是甜蜜的。因为你爱上了他。爱他，就会忽略他的一切缺点，即便看见也权当是无所谓的小事。

"只要有爱就好。"

"世间哪有十全十美的爱人呢？"

"我若连这都不能容忍，还算爱他吗？"

你不断给自己找借口。

这可不真是让人盲了眼睛、蒙了心智吗？

还好，他帮你解脱了，仅从这一点上，你对他千恩万谢都来不及。

所以，时间也是调皮的，后来所有的时间里你都不会再是那一刻的心情，也不管你当时是多么迷恋或痛苦，只要有时间，一切就都会变。喜剧能变成悲剧，悲剧也能变成喜剧。

读高中的时候，学校的食堂每天早晨都是面条汤，面条是切得整整齐齐的大宽面，若是偶尔有一天没有被煮得稀烂倒也还算看得过去。只是一到冬季，面汤里总是要放上很多大白菜，起初我也吃，后来换了厨师，大概刚刚走马上任，他煮的白菜叶子还能将就吃，只是那白菜帮子不是煮得连魂儿都没了就是夹生的。前者无需牙齿咀嚼，但搅在舌尖却如同吃到了一团烂棉花；而后者则是咔哧带响。两者的共同点是都能散发出一种劣质的甜腻，让我从此便断了与白菜帮子的所有情缘。

此后，我只吃白菜的叶子。

可是，"世易时移"、"时过境迁"又是谁说的？如今我倒不那么憎恨白菜帮子了。因为听说白菜是"百菜之王"，尤其白菜帮子中更是富含多种营养物质。全都扔掉不仅可惜，也耽误了我给儿子补充营养。所以，从他会吃饭开始，我就给他吃白菜，做各种各样的白菜，连同白菜帮子一起做，我每次都会告诉他白菜多么有营养，多吃些便能很快长大了。

儿子总是吃得很欢，我当然也会默默从碗里挑出白菜帮子放到儿子碗里，他时常为此说"谢谢妈妈"，我则窃笑不语，甜蜜而幸福。

"世易时移"、"时过境迁"，是谁又说了一遍？原来，这世间的一切都像是地球的自转与公转，冷的会变暖，暖的会变冷，亮的会变暗，暗的也会变亮。

不爱你就不要你

君然，女，貌美，硕士，年方"五七"，外企白领。唯一美中不足的是海拔稍差，只有153厘米。至今未婚。

所有认识她的亲朋好友都急成了热锅上的蚂蚁，单单君然自己不急，她说："婚姻这事急不得，一定得到了那个火候，非得到了两个人爱得如同失水的鱼儿，憋得喘不上气，只有跳入婚姻的鱼缸里才有得活的时候才行，然后才能安稳地待在鱼缸里点灯说话，吹灯做伴，早晨起来泼尿罐……"她说有那么两次已经准备起跳了，可是她又把对方仔细看了看，发现跳下去未必比在水外头喘气好，所以在既将入水的时候又停下了。

君然绝对不是独身主义者，也不想做时髦的丁克，她说单身只是偶然现象，结婚生子才是她的必然选择，只是她还没有找到那个她认为可以与之领执照并盖章生效一辈子的人而已。

话是不错，但到了35岁这样的年龄，仍然茕茕孑立，形影相吊，总不免感觉孤单。君然也一样。她说有一次她去北京郊外的薰衣草庄园，才踏进去的时候，满眼的紫色扑面而来，和着薰衣草的香气，沁人心脾，她席地而坐，闭目仰天，感受着这个童话一般的境地。然而，待她睁开眼时，不知从哪里冒出来若干男女，有的携手走着，一路指指点点看着、谈着，有的背靠背坐着像电影里的镜头，也有男孩

"哧"地一声拉开可乐递给女孩的，还有拖家带口王子、公主加上宝贝的……放眼望去，这紫色的海洋里就只有她自己在独自扑腾着。她说，那一瞬间，有点悲从中来的感觉。

谁不知道青春是个好东西呢？到了这个年龄说苍凉、凄凉等倒也谈不上，只要别太挑剔，只要自己肯屈就，总能找一个说得过去的人来做伴儿的。但爱情不是能屈就的物件，你若爱他，日后给他做饭洗碗、揉肩捏背，便会是一种甘之如饴的幸福。可是，你若不爱他，在以后数万个日出日落的平淡日子里，如何能够接受清晨刚一睁眼就看到他的眼屎？如何能一日三餐都与他同镬而食？如何装着陶醉的样子与之耳鬓厮磨？天长日久，再坚强的演员也迟早要罢演。早知那时，何必今日？

所以，君然常跟我们说："不爱他就不要他。"我也听过这样一句话，说"爱的人可以不一定要，不爱的人坚决不要"。这样青山绿水的话有时候让我这个早已走进围城的人都常会拿出来咀摸，常会想这话真是至理名言。

单身的女人也不是没有爱情，只是她的爱情尚且是个奇数。而且敢于单身的女人，必定是自信满满的高贵的公主。她们要找到自己的另一边翅膀就一定毫不含糊，哪怕差之毫厘也绝不允许，否则飞翔起来，两个翅膀一高一低，不拧巴才怪呢。与其疙疙瘩瘩地在低空盘旋，还不如在草地上大步奔跑来得痛快！

君然就是这样的女人。但有时候，我也还是会安慰一下，跟她说：早日找到那个他自然是可以愉悦身心；但找不到时也是你修身养性、百炼成精的好机会。

至于外人，大可不必对她们慷慨同情。如果她们挨不住这样的寂寞，必然早就嫁做他人妇；如果她们能悠然享用这样的岁月，又有何不可？如此，不如尊重。

你还不够爱他

前几日与一位朋友闲聊，她抱怨说《康定情歌》里的歌词太气人，说她到现在还没有找到"张家溜溜的大哥"，又说这男人总是没有全部符合标准的，觉得看得过去的吧总是经济差点，经济好点的吧又好似不那么认真，看着专心的吧又没什么能力，那些既有家底又有能力，感情专一，且宽窄薄厚都合适的吧又没瞧上她。

她说，这不是让人痛不欲生、无从下手吗？

可是，如果你爱一个人的话，哪里会介意他的这些条件。而一旦你还在纠结于他的外在的条件，那倒不是说明你是个拜金女或者势利眼，只是说明你还不够爱他，至少现在不够爱他。所以，与其日后心存芥蒂，无法继续，不如再想一想。

我有时庆幸，还好在花信之年谈了恋爱，三十之前结了婚。不然，等到如今这个连谈恋爱都要有标准衡量的时候，我大概也无缘与老公厮混这十来年。一来他的学历是不够的，二来他的个头也偏低，三来家境中等，而且当时的工作不过是个货车司机，唯一说得过去的是长得不难看。那么我呢？相对于老公来说，除了学历稍高，再没有什么优势了。

可是，我们却相爱了。

被爱情冲昏头的两人甚至连以后如何生活都没有仔细想过，而那时我们连同一个城市都不在。若不是真的爱了，怎么会如此不顾死活

爱一个人不需要有任何的条件，如果你尚在衡量他是否有学历，是否有能力，是否宽窄薄厚与你相当，那只能说明你还不够爱他。

地要在一起？彼此恋着的时候，就成了"一根筋"，不管有什么样的阻碍都可以视而不见。

不过，如今以过来人的身份回想当初，也不免有些盲目。女人如水，生来柔弱，想必也是天可怜见，不愿让女子受苦受累。所谓"天将降大任于斯人也"的"斯人"不该是女人，可是女人若是找错了自己的另一半，那么日后的苦可想而知了。前几日才听说一句流行语，说女人婚后流的汗和泪就是当初选人时脑子里进的水。所以，我从来没有对那些在恋爱中提了条框的女子浪掷侧目。

女人选择有钱的男人去嫁算不得丢人，甚至可以理解。不管怎样，她以自己的青春为投资，可以赚回实实在在的物质。某种程度上说，这与年轻时努力工作赚钱也颇为相似。更何况，这个时代，有钱总不能算是一件坏事。

可是，如果一个女人注重对方的学历、身材、相貌，就显得不是那么明智。比如学历，对于女人来说，它可以是一份很好的嫁妆，但在男人身上，它却并不是一份实用的聘礼。因为学历与学问不是一回事，一个没有很高学历的人也可以"上知天文、下晓地理"，而一个学历很高的人也可能"不知人间何物"；学历与能力则更不能相提并论，我们眼前身边总不乏凭着一纸文凭进入高层又被高层狠狠踢出来的人。

而相貌和身高呢？女人的美叫作秀色可餐，可花瓶似的男人摆在家里实在没有太大的用处，除非你是在一帮其他条件都相同的前提下挑了一个俊俏的出来。否则，将容貌作为一大标准，实在是女人的又一大失误。

也许你会说，谈恋爱就是要结婚的，而婚姻的好坏是女人一生幸福与否的全部评判标准呢！哪能马马虎虎捡到篮子就是菜呢。

这样说的女人都具有天蝎座的冷静和理智，这真是一件好事。只是，如果你总是对他的某个地方嫌弃或是介意，最终还是表明你还不够爱他，至少现在是这样。

你还好吗

去年冬天，高中同学敏芝来北京出差，顺便和我坐了坐。我们找了一家小饭馆，依窗而坐，点了她素来爱吃的清炒笋丝和我喜欢的飘香小排，以及我们都爱吃的下饭菜重庆辣子鸡。

等待的时候，不知哪根神经搭错，我竟然鬼使神差地看着她说："你还好吗？"同学瞬间石化，白了我一眼说："你搞什么，这语气酸不溜丢的，我好不好你看不见啊？"我连忙点头，说"看见了，看见了，你挺好的"。

说着她又皱着眉、撇着嘴对我说："你这话让我想起前两年遇到王磊的时候。"

"你们又见面了？旧情复燃了？"我说。

"旧情复燃是不可能了，我以为他的心里还有我呢，结果竟然是我自作多情了。"她说。

我立刻将耳朵支棱起来，因为一段精彩的故事正向我耳边奔跑。她说，那天她偶然在街上遇到王磊，惊喜万分，她的大脑像出了故障的放映机一样怎么都停不下来，各种之前恋爱时的场景都呼啦呼啦地围着她转起来。

王磊还和以前一样帅气好看，只是身边多了一位女友，这不是让她伤心的地方，因为这是她早就知道的啊，分手了的两人自然要各有

若爱情已经退潮，他对你一句看似关心的「你还好吗」也许只是一句不经意的问候，没有情绪、没有等待。所以，你不需要太认真，随便答就好了。

归宿，她也不是当年的她而是一位三岁孩子的母亲了呢。

王磊的脸上也洋溢着笑容，两人笑意盎然地一步步走近。激动人心的时刻马上就要到了，敏芝竟有些心慌意乱，倒是王磊在女友在场的情境下还淡定自若，顺顺利利地说出了"你还好吗"几个字。但就是这几个字，却让敏芝更加地结巴起来。她说："我当时心里那个乱啊，我想我现在算是好吗？日子还过得去，老公也凑合。可是心里有时还是会想起他来。这样算好还是不好呢？就在我犹豫的时候，你猜怎么着？"

"怎么着？"

"还没等我说呢，这个遭天杀的竟然对我说：'来，介绍一下，这是我老婆，我正要陪她去看看附近的一家健身房呢，呵呵，不然改天聊，拜拜。'当时，我真想一头撞死在墙上算了，人家根本就没打算听我说什么答案，我还在那千头万绪地理不清，真是白瞎了我这么多年的高贵了……"

我也被上了一课，知道了有朝一日昔日的他若也如此对我轻声地说"你还好吗"时，大概只是在等淡淡地回答"嗨"或者"很好很好，好久不见了"或者其他无关痛痒的回答，甚至他压根也没有想听到什么实质性的回答，然后随便找一个借口就走开了。而那一句耐人寻味的"你还好吗"也并非真的带着关爱，只不过是听者一厢情愿地瞎想罢了。

临走时，我买单，敏芝也不客气，调皮地说："谢谢你这个地主请我吃饭。"

我说："我要谢你呢，以后要是有人对我说'你还好吗'时，我就直接说'我很好，我正要去健身房呢，改天聊'。这多气派……"

曾几何时，你们是彼此心头的朱砂痣，但一场突如其来或早就存在的缘由让你们各奔东西。你们一步一回头，难分难舍，刻骨铭心，肝肠寸断，撕心裂肺……可是，走着走着就走远了，你偶尔回头看看时，只是看到他的背影。背影看得多了，你才发现，那个人早已不是那个人了，即便你现在掉头飞奔，也已经追不上他了，你在他的眼里也只是一个小得快要看不见了的黑点而已。

　　这难免让人失落。就像商场打折时，你没来得及下手那件你心仪的裙子一样，可是时间过了，商场的活动就结束了。你偶尔路过商场，看见商场外拉着横幅，以为又有优惠了，于是心怀激动地跑去了，结果这一次只针对内衣。几乎所有品牌的内衣上都挂着大大的折扣，只有你爱的那条裙子高高地挂着，毫无表示，似乎它从来就不曾认识你一样——

　　"真是无趣透了。"

　　我猜你会这么说。

玉兰花开

　　玉兰或许是这世上最自信的花朵了，因为它从来不需要绿叶的陪衬。叶子还没有长出来，玉兰花就急着开了，或是银花结盏，或是淡紫生烟，婷婷袅袅，美得让人惊诧。

　　忘了那是哪一年的初春，母亲说想去灵山赶庙会，我便欣然同往。老家的灵山没有险峻的气势，也没有秀美的山峰，只是因为相传那里曾有一座叫灵隐寺的庙，庙里供奉着的大慈大悲的菩萨总是解救众生于苦海，所以人们口口相传。经过千百年的传颂，山上的庙渐渐消失，只剩了那山，人们便叫它灵山。

　　后来，政府将这山开发成了一个旅游景点，不大，通常游客也仅限于这个县里的居民。看得多了，人们也不以为然，只是每一年的庙会大家还是会不辞辛苦地聚来这里。庙会上并没有稀奇的物件可买，只是各行各业的小商小贩都在相同的时间集结在相同的地点，这庙会就显得应有尽有了。

　　庙会的另一个热闹地点就是后来修复的灵隐寺，平常的日子里老百姓忙着家里各种细碎的事情，大多没有时间特意跑来上香，而且如今人们对于寺庙和菩萨也不是那么热衷。但在庙会的日子里，还是会有不少的人和许了愿并实现了的人来这里上香或是还愿。

　　我和母亲看完了一场秧歌表演，信步走着，不知不觉就来到了庙

有没有偷偷爱过一个人？就只那样静静地爱着，他看或不看，一切依然，如一株圣洁明亮的玉兰。有风飘过，这默然的开放与花香，竟也是别样的美。

前。在庙会的这几天，庙里的香火格外旺，很多人都持了大把的香虔诚地拜着。我看得入神，却听母亲嘀咕着说："也不知道这是什么花儿，早早地就开了，连片叶子都还没长出来呢。"

我抬眼望去，竟看见两株玉兰，安安静静地立在寺庙院子的一隅，旁若无人地开着。庙里庙外嘈杂如海，没人注意它们。想来这庙里的菩萨虽是神通广大，但芸芸众生皆须他来解救，要想抽身来看看玉兰花怕是困难吧。而寺外熙熙攘攘的人群正忙着买油炸糕、糖葫芦以及各种针头线脑的小玩意儿，或者急慌慌将看中的东西握在手里与卖家讨价还价，或伸长了脖子看一场秧歌或大口落子，对于玉兰花的开与不开也是顾不上的。

我有些伤感，心想：若不是母亲不认识这花，它迫不及待的一季花开，说不定连一个看客也等不来。这一树的青白和淡香岂不是辜负了？

我虽然为花有些落寞，这两株玉兰却不浮不躁兀自开着。也是呢，花之所以开是因为树的心里想要开花，为什么一定要有人来喝彩或是回应呢？它只开它的，也就高兴了。

这种感觉像极了《见与不见》这首情诗中所描述的一般；

你见，或者不见我

我就在那里

不悲不喜

你念，或者不念我

情就在那里

不来不去

你爱，或者不爱我

爱就在那里

你跟，或者不跟我

我的手就在你的手里

不舍不弃

来我怀里

或者让我住进你的心里

默然相爱

寂静喜欢

　　不曾想，这世上竟然会有这样一种如玉兰一般的爱恋，一切都不管，只是自己默默地开着，甚至连让你看一眼的要求都不提。你若看了，花必是欢喜的；你若不看，花也不是忧郁的。爱不是为了什么，只是心里凭空生出的一株玉兰，开就是开，无需拍掌或击节，无需欣赏与喝彩，只需开着，就很好了。

关于承诺

恋爱的时候最爱听的就是他的承诺吧——

"等我有钱了，给你买最漂亮的钻戒。"

"我会一直一直爱你，一辈子、两辈子、三辈子……永远都不会变。"

"我答应你以后再不看别的女生一眼。"

"嫁给我吧，结婚后我会像现在一样，不，我会更加爱你。"

"你永远是我的唯一，哪怕海枯石烂。"

……

爱情里的孩子，若听得一句"执子之手，与子偕老"常会感动得泪光莹莹，想象着两个人从此时牵上彼此的手，一路走下去，直到老去的那一天，自己的手已经骨瘦如柴，他仍然不肯放开。

多美。

我也喜欢，但时间又往往轻易改变了一个人的心境。如今听到那些美丽的承诺，总不免想起罗曼·罗兰的一篇文章，他说：

如果我答应借钱给一个外人，我不会期望他归还。那是已出之物，他主动归还最好，否则我有什么能力追讨？这方面，我不会太天真。

承诺是一种经常让高山和海洋领受尴尬的辞藻。用不着过于信奉，一句「拿着」远比十句「我会给你的」更有分量。

同样，承诺也不可追讨。

当一个人对你说："我不爱你！"你为什么还流着泪问他："你说过永远爱我的！你说过的！"两个人之间的承诺，若一方无法信守，那就是无可奈何。是他办不到，不是他忘了，用不着你力竭声嘶去提醒他一次。

当一个人要离开你，也无谓再提醒他："你说过不会离开我的！"他说过又怎么样？他对你说的时候，你不肯相信。他要走的时候，你却要追讨？

就把承诺当作爱情的一部分吧！

我们曾真心许诺为一个人做一些事，但明天的世界，不在我控制之内。做得到，我会快乐。做不到，我会忧伤，我会的。我也会学习，不去追讨。

有过承诺的爱，总比未有过承诺的爱要美，一旦要去追讨，承诺已变得太遥远。

是啊，追讨又如何？承诺里虽然说了一辈子的事，但它代表的却只是当时的心情。若十年二十年之后，你拿着那一句承诺出来，恐怕当时在场的高山和海洋也觉得尴尬，仿佛它们做了伪证一样。

所以，承诺虽美，但却是个顶没意义的东西。相信承诺不如相信行动来得更实在。一个人或许从没许过你送你一枚钻戒，但有一天他就硬生生地拿着钻戒出现了，虽然突兀，却是真实的；这就比许你天长地久却毫无行动的人可靠。一个人或许一直跟你说"别怕，你没钱了我顶着"，但最后手里拿着钱跟你说"拿着"的却未必是他；说两个字的就比说了很多字的那个更真心。

一个女人与"承诺"过一辈子，会有很多个幸福的时刻，只要那个人两片嘴唇一碰，女人就会瞬间满足。但遗憾的是，男人在身边说承诺的时间总是少于你因为没有得到他的兑现而失望的时间。而一个女人若是跟了只爱做不爱说的男人，自然少了很多美丽的憧憬，但她却可以拥有无数段可供自己回忆的实实在在的温馨时光，这些时光又总是多于她因没有得到甜言蜜语而失落的时间。

所以，你得明白：承诺不过是一种常常让高山和海洋领受尴尬的辞藻，用不着过于信奉，一句"拿着"胜过十句"我会给你的"。

所谓浪漫

浪漫是个好东西，这谁都知道，无论男人还是女人，谁都不会拒绝。有了浪漫，简单的爱情也变得神圣。它可以是一场花瓣雨，也可以是两只高脚杯，还可以是一次月下的邂逅，或者仅仅是一同吃了一个鸡蛋灌饼——只要有你想要的那个人，万事万物皆可浪漫起来。哪怕是一次让你气愤的经历，只要此时你们还好好的，那时的苦恼也成了一种浪漫。

我这样说是因为我又看到以前的一篇日记，全文抄录如下：

这个气炸了肺的七夕

这个恼人的七夕，真是让我差点崩溃，我若不是还残存一点理智恐怕还要闹出大乱子。因为我感觉自己失恋了，肺都快气炸了。

每一个节日，我都会精心为他准备一份礼物，虽然都没有多大花费，但总是我用心来策划的。昨天也不例外，我在前天用了整整一个下午的时间，在99张彩色纸片上写下99个与他一起走过的片段，并认真总结为"有一种爱叫×××"，整整写了五个小时，胳膊都快折了，才赶在快递下班之前寄了出去，为的是正好在七夕这一天让他收到。

我的计划很成功，七夕的中午礼物顺利抵达他的单位，据某人自己讲很是激动。是呀，这样的日子谁不渴望一份礼物呢？哪怕这礼物只是一张卡片、一个花瓣……不管是什么，用心了就好。

浪漫这东西，其实是一种回忆，回忆的内容是好是坏无关紧要，紧要的是现在你和他还紧紧地牵着手。只要有了这一条，过去的种种皆为浪漫。

可是我呢？我原本也没指望有礼物，买花买了这么多年毫无新意，我也有些无所谓（当然这也比什么都没有要好）。原是准备订一家情侣套餐去吃一下，可老公说现在太晚了，订了恐怕也没地方。似乎有道理，怎么办呢？老公说晚上他给我做饭。也好吧，虽然平时只要他在家也都是他做，但正如我一位朋友所说"或许今天做饭的心情会不一样吧"，我是做了准备在他做饭时自己搜肠刮肚来体会他这浪漫的心情的。

结果呢？老人家将近七点半到家，还说打算吃馅饼，我顿时就七窍生烟了。七点半开始和面、择韭菜、炒鸡蛋、和馅儿、加工，我这顿饭得等到几点吃啊？牛郎织女都得散席了。可是吃什么呢？看看老公带回来的东西，一大塑料袋的凉拌菜、一餐盒的烤羊排，还有一瓶红酒和两个高脚杯，最后把家里的一个菜花炒了。

我着实是很生气的，塑料袋配红酒？炒菜花配红酒？一次性餐盒配红酒？俩人趴在茶几上喝红酒？就这也算是为我做了一顿饭？太欺负人了！

这都是次要的，关键是我送的那么多小纸片，人家看也没有看（据说是看了两张）带回家来了，说是晚上和我一起看，我的哥呀，我自己个儿写的，我是送给你让你体会的。太气人了！

所以，我觉得我失恋了，现在他根本就不理会我的心情了，还说自己没想出好的主意来，其实就是没有用心想！送个内衣总可以吧，写封邮件总可以吧，都不送你早点回家总可以吧，回家那么晚把饭弄妥了总可以吧，弄不好饭坚决请我到外面吃总可以吧，不出去吃你说些好话总可以吧，呆头呆脑地糊在身上，只顾着哼唧我的名字，我看表来着，足足半个多小时，除了俩字（我名字）竟然什么也没说……

举世无双！肺要气炸？

可是七夕已经过去了，能怎么办呢？把这也当作一种浪漫吧，就是这么阿Q！

有时候自己读这篇日记也会禁不住笑起来，当时的气愤和恼怒如今早就没有

何曾懂得
不曾经历，
108

了，看看朋友们的评论，觉得这一场小小的风波也多了浪漫的味道。其中一个说：

"许姐，好浪漫啊，喜欢这样的妞哎！"

还有一个说：

"别有太高期望，很多人不会像你一样还想着制造浪漫，像我那个，连个花也没买过。"

一个妹妹更是有趣，说：

"你俩太逗了，祝福～～撒花～～"

我到现在也不知道我俩哪儿太逗了，这位妹妹所说的"撒花"也没弄明白到底是撒很多的花表示庆祝，还是撒了花儿的玩儿或者笑，大概前者的可能性更大些吧……

但不管怎样，这一场别扭经过了一段时日最后竟然也饱含了浪漫的情怀。所以，如此看来，浪漫这东西，其实不过是一种回忆，回忆的内容是好是坏无关紧要，紧要的是现在你和他还紧紧地牵着手。

只要有了这一条，过去的种种皆为浪漫。

她不在的时候

年轻的时候，听人说"婚姻是爱情的坟墓"，觉得这句话简直是放之四海而皆准的真理，不知多少次暗暗赞叹这句话的原创者是如何的睿智和犀利，能一针见血地指出爱情与婚姻无法兼容的残酷事实。但经过了这么多年，且始终没有想从围城逃出来的念头，才慢慢发现很多时候人们对"围城"一词的理解其实是因《围城》里的婚姻纠结而产生了偏差的。人们往往看到了围城带给人们的禁锢，却看不到它带给我们的安全和舒适。

这一点，我的一位朋友深有感触。

两个月前，偶遇这位常年对网聊嗤之以鼻的朋友在深夜现身，与之招呼。满以为他会说"等见面跟你聊"，不想他的话却如洪水猛兽一般汹涌而来。究其原因，竟是其妻随单位外出旅游，只剩其一人在家，时光实在是打发不掉。

他说：妻已外出数日，爬山涉水的集体旅行一定把向来娇弱的她累得够呛。特别是她时而会有低血糖，不知道能不能吃得消，甚念。

他说：妻在身边时，不觉多什么，不在时，就好像丢了整个世界。四壁空，炊烟断，日无奈，夜漫长，饭不香，觉不甜，万事无心做，打牌亦输精光。

他说：想不到已经不惑之年的人竟容不得小别，不知是婚龄尚短，还是妻法力无边？

他说：架子拿大了。临走的早上，妻问：打电话吗？答曰：不打，你同事会笑话我。妻又问：发信息吗？答曰：不发，不打扰你的游兴。妻说：我给你发。再答曰：别打扰我的清净。可是才走了两天，日子就空得过不下去了，现在想打个电话，恐她笑，只能坚持、坚持、再坚持。几次拿起电话又放下，心里却害怕：这小鬼头不会也在默念这几个字吧。

他说：实在睡不着翻箱倒柜找出了妻以前介绍给自己的各种版本的《小夜曲》，有舒伯特、莫扎特、门德尔松，还有国人的《月光小夜曲》，但听了两个多小时依旧睡不着，遂起来上网……

朋友与妻已厮守了十五年之久，竟挨不过短短的一星期，这不是爱情又是什么？有她的日子平淡无奇，她不在的时候就心智错乱。还是那一栋房子，马桶灶台也别无两样，可因为少了那个和你一同煮饭、一同洗脸刷牙的人，就要了命了。

所以，婚姻并非爱情的坟墓，而是爱情细细滋长的沃土。若爱情只是花前月下，没了柴米油盐，定然是少了滋味的。那少了滋味的爱情还算是爱情吗？至少是不完整的吧。人们总是对纯真的爱情恋恋不忘，殊不知那最深重、最结实的爱往往以婚姻的名义成就。

若说恋爱是一条线段，婚姻就是以其终点为起点的一条射线，时光清浅，岁月留香，如此才可成为携手一生的那个伴儿。

那些事儿

坐在楼下凉亭的木凳子上，我听见几声鸟叫。抬头望一眼天空，原来是两只麻雀并肩飞过。

"比翼双飞大略如此吧。"我跟自己说。

那么我的那个他能不能与我一生都比翼双飞呢？

明天就是3月3日，不知道是不是歌词里唱的"风筝飞满天"的日子，但我敢确定的是这是我们领取合法有效的结婚证明的日子，距今整整十年。但是昨天，却生了一场莫名其妙的气，差点就让我萌生了"简直没法过下去了"的念头。

事情的发生是在地铁13号线上，老公说："下周末可能要去喝喜酒。""谁呀？"我问。

"以前的同事，小马，你好像见过。"

"她不是早就辞职了吗？"

"嗯，两三年了吧。"

"那你一定要去吗？把钱让别人捎去呗。"

"那多不好啊，人家特意选在周末，我还不去，以前又在一个办公室里。"

"她和你一共在一起工作也就一两年吧，能有多好啊？再说了，人都辞职走了两年多了，平时又不联系，现在结婚还让你们去，这做法本身就不怎么样。"我的不满情绪不知怎么的如同屁股下点燃了发动引擎一般"轰"地一下就蹿了上来。

"不就是吃个饭吗，至于说人家好不好的吗？"老公也不耐烦了。

"不就吃个饭吗？你说得轻巧，一个礼拜你陪我们娘俩吃几顿饭啊？你加班是工作，没办法托辞，就这样的连个朋友也算不上的已经辞职两年多的同事结个婚，你就非去不可吗？"

老公的不耐烦向来都会成为我变本加厉的利器，但他总是不长记性地捅我这个马蜂窝。

"谁非去不可了？我的意思是，家里没什么大事就去呗。"

"什么叫大事？我卧床不起了才叫大事吗？你说说，跟你结婚十年了家里有过什么大事？你多陪陪孩子老婆就不是大事吗？啊？这顿饭就比我们娘儿俩重要吗？"

"行了，行了，我懒得跟你吵吵。"老公大概是觉得在地铁上吵嘴有伤大雅，于是主动灭火。我也知趣，只白了他一眼不再吭声。

但回到家来，我依然火气未消，把儿子安置在客厅看动画片，然后拽着老公进屋，继续刚才的战斗。

老公说："你干吗呀？就这么大点事儿，看让你整的。"

"我干嘛呀？我觉得你根本就不理解我，我跟你结婚十年，恋爱五年，加上交笔友的七八年，前前后后加起来二十多年，你了解我吗？你知道我想要的是什么吗？我不愿意你去你就跟我蹿火，你根本就不珍惜和我在一起的时间。"

"又来了，每次都上纲上线儿，鸡毛蒜皮的小事儿到你这就成了思想上的问题，真让人没法说话。"

"你什么意思啊？你是受够了呗？我告诉你，我还觉得委屈呢。我辞了工作，成了家里的老妈子，洗衣做饭、带孩子、搞卫生，你连裤衩在哪儿放着都不知道，我才说两句话你就受不了了，我跟你过的是什么日子？好不容易过个周末你还千方百计扯着扯不着的事就不在家待着，我这样过有意思吗？"

我越说越激动，如有神助，直说到老公忍不住插嘴说："你用的是机关枪啊？怎么就'突突突突'地停不住了？"

我瞬间被逗笑了，然后两个人哈哈大笑，老公说："我决定我不去了，爱谁谁，就在家陪着孩子老婆了。"

"这还差不多，你早干吗去了？早说不就省得这大半天吵嘴的时间了。"

"早说我能见识到你这功力？"

"滚！"我用手使劲捶老公的后背。他则边跑边喊："儿子救命啊，妈妈打人了——"

回想结婚的十年，我从来没有动过离婚的念头，甚至于有时自己胡思乱想，想象着有一天若是某天目睹了他与别的人女人有染，我能不能原谅他的时候，都没能斩钉截铁跟自己说"绝对不行"，还总是要想象那些他如何痛哭流涕地忏悔，我如何痛苦不堪地纠结的情节。可是，这样一件小事，我竟然联想到日子快要过不下去了，竟然说他根本就不了解我。

我又想起领结婚证的那天，正赶上两对夫妻去办理离婚手续，一对年老的夫妻平静如水，那时我猜想：看样子不像有什么深仇大恨，大概就只是性格不合吧。实际上，我所见的那么多离婚的人，他们的理由常常就是性格不合。

所以，我一直认为"性格不合"的确是个大问题，你说东他说西，驴唇对不上马嘴，可不就没法过了吗？可是所谓"性格不合"的内容又往往不是那些触犯原则的大事，不过是些吃什么、去哪里、买不买的不堪一提的杂碎事儿。但这些事儿多了，人就磨得没有了耐性，或者两个人的大脑都没能好好控制舌头而说了"离婚"之类的词语，那么一场婚姻可能就告急了。

我很庆幸，老公在我满嘴跑舌头、舌头又不受大脑控制的时候更换了轨道。不然，别人婚礼之日说不定就成了我们将红本的金字换成银字的日子。不由自主地抬起头来，那两只比翼的麻雀早不知去向了，不由得想起一句话——

琐事猛于虎也！

第三辑

有一座城，虽空无，却灿美如斯

行囊、车票、迷茫、汗水……都揉进那一座城市，在某一个早晨感觉空无，在某一个夜晚感觉灿烂。

我爱北京天安门

七岁那一年，我第一次学唱了《我爱北京天安门》，但北京在哪里？天安门是个什么样子？我一无所知。我还记得，那一年父母倾尽家里所有加上四百块钱的外债盖了新房子。新房子也不过是用土坯建成，但因为顶上加了青色的瓦，屋檐下所有外露的部分都用了红色的砖，所以与早年老旧的草房比起来便显得气派了很多。

新房子刚刚盖好，我们一家人便迫不及待地搬了进来。夏日吃过午饭，母亲常常拿一张草席铺在堂屋的地上，躺在上面，感受凉风从北边一缕一缕地吹进清凉，然后满足地说："真好啊！"

我对于新房子的热爱和母亲不一样，她是因为从破旧简陋的草房住进了宽敞明亮的砖瓦房，而我则是因为终于搬到了不再有人家的全村的最北面。之所以喜欢北面不再有其他建筑，就是因为我学唱了《我爱北京天安门》。在我幼小的心里，北京天安门是个神圣又神圣的地方，我虽去不得，但我要远远地望着，即使看不见也觉得近在眼前。所以，我很庆幸我们的新房子盖在全村最北面的一条街，这样就不会有东西阻碍我向着北方来眺望了。

为什么要向北方眺望，当然是因为那个时候觉得北京在北方了。我到现在都还记得，那时候我常常一个人站在屋子的北面，面朝北方，心里勾勒着天安门的样子，一遍一遍唱《我爱北京天安门》的场景。不知道有没有那么一次或者几次被父亲或母亲或是姐姐们发现，我想总会有吧，可是至今都没有人提起过。他们看着那个七岁的小姑娘陶醉地一边比比划划一边轻声唱着，该是什么样的心情呢？

他们一定不会想到，有一天她真的扎根在了这个城市，感受它的日出，体会它的日落，在这里笑，在这里哭，并愿意为它的美好竭尽所能。这一种情感如同一个人依附于一个家庭，折腾也好，宁静也罢，无论如何，你走不远。就如同汪峰的歌里唱的一样：

当我走在这里的每一条街道

我的心似乎从来都不能平静

除了发动机的轰鸣和电器之音

我似乎听到了他烛骨般的心跳

我在这里欢笑

我在这里哭泣

我在这里活着

也在这死去

我在这里祈祷

我在这里迷惘

我在这里寻找

也在这儿失去

北京 北京

……

第一次来北京就迫不及待地去看天安门，感受它的帝王气魄，看熙熙攘攘的人群，心里想着：果然是好呢，不然为什么有那么多人。我悄悄混进一个旅游团，听导游讲述天安门有城门五阙，重楼九楹，为的是取"九、五"之数，寓帝王"九、五"之尊；又说城楼前有金水河，河上飞架七座汉白玉雕栏石桥，中间一座为"御路桥"，专为皇帝而设，两旁为"王公桥"……

我用心地听，感觉北京的每一个地方都有无数的故事，让人去探究，去回味。如今于北京生活十几年，早不知去了多少次天安门，但每一次去或是想起，总还是会记起小时候在屋子后面，虔诚地歌唱《我爱北京天安门》时的样子。

有时候我想，一个人与一座城市的邂逅也需要一种机缘，这机缘冥冥中就注定在某一个时刻开始，你便与它有了千丝万缕的联系。

阿牛

接到朋友的喜帖，上书：

本年度最感人、最温馨的爱情影片——《我们结婚了》，将于×××
饭店隆重上映，领衔主演：张小北，葛丽丽。上映日期：2012年6月20
日。上映时间：上午11：30。敬请光临。

熬到三十多了才结婚还有心情搞个性化请柬，我倒是服了他们保存
完好的稚嫩的心灵。但不管怎样，去是一定的。既然要去，总不能太过邋
遢才好。于是，到楼下的理发店，预备将头发修整一下，不需要染色烫
花，只要不至于被当作"衣冠不整者"就好。

理发店与小区同岁，我们搬进来的时候，它就是生活配套设施之一
了，风雨飘摇了十来年，周边的小铺几经易主，只有这一家稳如泰山。我
走进去，店员热情地招呼："您好，是理发还是烫发？"

"理发。"

"阿牛，洗一下头发。"

阿牛是个不过十七八岁的大孩子，我之前来过若干次，但从未见过
他。我问他："你是新来的吗？"

"嗯。"

"难怪没见过你。"

"我刚来半个月。水温可以吗？"

"可以。"

我躺在洗头的大大的椅子上，热水从额前的头发往后冲，有两次他将水不小心冲到我的耳朵里，便立刻紧张地说"对不起"，我仰面躺着，看着这个孩子不熟练地忙乎。这是个修长而优美的少年，一头染得金黄的头发很服帖地随着他的动作轻轻晃动。虽然是服务行业，但大概由于他还是个新手，所以眼睛里尚且没有那种刻意讨好顾客的笑意，只有欲盖弥彰的点点忧郁不时在我眼前飘过。我本能地琢磨他为何如此？

正想着，阿牛说："姐，你是做什么工作的？怎么有时间在周二的下午来做头发，不用上班吗？"

我说："我自己写东西，比较自由。"

他一听，立刻表现出一大堆的惊讶来，连声音也提高了不少对我说："真的？就是作家吗？自己写书？"

我不好意思地说"呵呵，还算不上，只出了几本"，他就更加地羡慕起来，甚至问了我的名字，要买我的书。我看着眼前这个孩子，心想：忧郁的眼神，修长的手指，若他不是出现在理发店，而是一个长满菊花的篱笆前，他定然也是个伟大的田园诗人吧。

这样想着，心中不免替他有些遗憾。我又随口问他："你们要当多长时间的学徒，才能当上理发师啊？"

他说："一般来说都要两年的时间才能给客人理发，等到了那时候就好了，挣钱也多，也有手艺，生活就不愁了。"他的忧郁的眼神在说到"理发师"时充满了光芒，像四五岁的孩子想着妈妈一会儿就要带来自己心爱的玩具或零食一样，除了美好再没有其他的东西了。

我有些悔恨自己那一刹那的想法：难道做个理发师便不及一个诗人吗？

我又想到我自己，我认识的字自然是要比那个叫阿牛的男孩多，但我怎么样呢？单凭刚才那一刹那的想法就已经极不高贵了。

一个人高不高贵不像人的骨架子，一眼就能看出大小来；但又确实是一副骨架子，撑着人的身躯东奔西走。于是，世上才有了形形色色的人以及各式各样的披挂和身架。有些人看上去高大威猛，但与之交谈片刻就发现其是何等的矮小猥琐；有的人瘦弱干枯，但你最终还是能够在他行云流水般的平淡中体悟到他的山高海深。

洗完头发，阿牛把我领到理发师的座椅上，然后忙自己的去了。理发师用了将近一个小时为我理了头发，人顿时清爽了许多。我付了钱，快步走出理发店，心里一边想着参加婚礼的事，一边担心那个叫阿牛的孩子，我很怕我的书里不经意间写了高不高贵的话，误导了他。

牺牲品

至今都还记得那个叫Good Air的公司，公司的规模不大，连同销售人员一起不过十几个人，产品是加湿器，主要用在大型空调设备上。公司的领导有三个，据说他们原是同一家加湿器公司的员工，后来想要自己创业，于是三个人合伙开了这家公司。

我听到他们的故事时觉得他们都是年轻有为的人，至少敢闯敢干，这对于尚且对北京这个帝王之都充满敬仰和无限向往的人简直是无与伦比的励志故事。所以，我经过两次面试就成了他们的一员。工作就是到工地跑业务。

跑业务对我来说是完全陌生的行当，我是理工科的毕业生，又在坦克大修厂待了几年，手里摸的，眼里看的，嘴上说的也都是机械和电子。但我听了他们的故事也跟着有些雄心勃勃起来，好像我一眨眼就能成为一名优秀的业务员，大把大把的提成乌泱乌泱地争着往我的口袋里跑。

于是，我开始每天到各个工地跑业务，虽然辛苦，但我感觉自己浑身的每个细胞都被积极地调动起来，它们的能量都得到了极限的发挥，比如体力，我常常为了到达一个工地而换乘三四次公交车，但每天需要拜访的工地不止一两个，所以一天下来常常十个小时在外面奔波，需要换乘二十次公交车，步行路程也可达十几公里；又比如说话，我平时话不算多，但为了取悦工地的门卫，希望他们通融我进入工地里面找到相关负责人，我必须要绞尽脑汁寻找能够打动他们的词汇，又努力将五官调整到让他们觉得舒服的位置；又比如观察力，我必须要了解清楚每条街道上的公共厕所最可能在什么位置，要不然尿裤子也会成为常事……我感觉我的生命开始绽放华彩了，虽然晒得黑黢黢的，也觉得自己是彩色的黑。

功夫不负有心人。我终于在某个工地找对了人，那人直接负责采购这种设备，为此得到了其中一位王姓经理的大力赞赏。要知道，像这样的小业务员，有时候在一个工地转悠半个月也找不到正经管事儿的人，拜错了菩萨，任凭你的东西再好还是无法成交。所以，对于刚刚入职一个多月的我就能有如此收获，那位王经理似乎有心栽培。他将与公司有联系的很多潜在客户的联系方式都给了我，让我一一去拜访，还给我配了小灵通，包月的，随便打。我自是心花怒放，这不仅是对我的肯定，更预示着可能要有大笔大笔的订单飞来。

不仅如此，王经理还亲自带着我去拜访了几个客户，我感觉我的地位提升了，这明明就不是一般的待遇嘛。可就在我手捧着即将到来的光明前途醉心地欣赏时，另一位老板将我叫到他的房间，对我说我已经来了两三个月了，还一笔订单都没有拿到，如果我愿意继续努力公司会给我机会，如果我不愿意继续而是再找一份合适的工作，公司也不会亏待我。

我还没有傻到认为留下来更合适的地步，十分钟不到我就写好了辞职信，领了最后一个月的薪水，整理了所有的资料，与同事和老板客气地说了"再见"。话说那一天是周五，按照惯例，周六的上午所有的业务员要到公司汇报一周的情况，既然走了我当然不必再去了，但九点钟左右，王经理却打来电话，问我为什么不去上班。

我愕然，"难道您不知道我辞职了？"

"干得好好的，辞职干吗呀？"

我大略说了昨天的经过，他"哦，啊，唉，啧"了几声，然后我与Good Air从此彻底分道扬镳。但心里总是有些不明白这事情的始末，后来偶遇原来一起上班的同事，才得知原来这三人也不和，大概那位让我辞职的经理有些不愿意让我拿到那么多客户的名单，或者有什么其他的猫腻，但总归依那位王经理对我的态度而言，还不至于被辞退。就算要辞退，他们之间也应该商量一下的，可那位王经理竟然毫不知情。

我莫名其妙地成了一筒炮灰。

接下来的一个月里我接到了两位客户打来的电话，说是想要谈一谈合作的事。我欢喜地答应，然后又拨通了那位很提拔我的王经理的电话，告诉他是哪两位客户有意愿合作。他很感谢我，离开了Good Air还将客户介绍给他。

我说"不用"。

这本是我该做的事，虽然成了一筒炮灰，但我毫不怨恨，能够牺牲这说明我还有点价值。再说，这世上不公平的事还多呢，这一点小小的牺牲便要暴跳如雷、不能自持了吗？那以后漫漫人生路岂不是活不成了？

借钱的朋友

近来不知是何缘故，总是莫名其妙地想起一个人来，又高又大的身影几次来到我的家里，甚至于我们买房的时候他都跑了好几次，结婚请客时他还出过馊主意。

这人便是老公的朋友。

听老公说他们是在培训时认识的，那时他们都是尚未成家毛头小子，于是一同租了房子来住，既有伴儿又省钱。培训的时间不长，只有半年，之后各自找了公司，签了合同，开始了挣钱养女朋友的日子。我记得有一次我到那个朋友的城市出差，他还特意请我吃了饭。他要请我，当然因为我是他朋友的女朋友，他想看看他的朋友找了个什么样子的女朋友。

他请我吃饭的时候，话不多，只是不停地让我吃。不知是火锅的太过热辣，还是我太过紧张，那时出了不少汗，额头上也是，手心里也是，后背上也是，脸也红得像熟透了的番茄。但心理上的感觉却很好，我觉得：这才是朋友啊，连朋友的女朋友都要热情地招待，还有什么话说呢？

我们入住新房时，他送了我们黑色的落地灯，有细细的长颈可以弯曲成各种形状，放在大红的沙发边上，成了我们新居里为数不多的亮点。但后来担心孩子的缘故，我们将落地灯改成了台灯，至

朋友之间，一旦与金钱扯上了关系，就等于失去了一个朋友。有句话不是这么说来着吗？借钱给一个朋友或借一个朋友的钱，你都有可能失去一个朋友。

今仍在床头用着，柔和的黄色的灯光又隔了黑色的栅格和乳黄色的灯纸，总是让夜晚显得宁静和安逸，即便是要早起，开了这样的灯也不会觉得辛苦。

儿子出生时，他还带了他的女朋友同去，一边赞美一边说等孩子五天时一定要我们带了红皮的鸡蛋去他家里，然后他们好给儿子备一份大礼。但我出院时已经七天了，所以红皮的鸡蛋没有送到。他倒是又约了别的朋友一同来到我家里看儿子，热闹到月中天了才肯回家。

但后来他却不怎么与老公来往了，一直到现在三四年都不曾谋面了。偶尔联系，只是老公给他打个电话，随便聊几句，总没有想要聚一聚的意思。想来，是出了什么问题了吧，不然多年的朋友怎么会不想见面？就连他结婚都没有通知老公？这怎么算得上朋友？

我思来想去，就只有那一次借钱的事情可能伤了他。我向来不曾与朋友在钱上有瓜葛，最多只是出门忘带钱包时请朋友垫付一下，但通常不过是不足挂齿的小钱儿，明天后天就赶快还了。那次他打电话给老公，说要借5000块钱，理由是他的另一个朋友要做生意。老公向来不会擅自做主，总得要与我商量一下，这是我们多年生活的默契和规则。这样的钱我是不愿意借出去的，一来不是他自己急需，二来又是给朋友去做生意，三来刚刚买了房子、生了儿子，5000块钱对我们也是一大笔钱呢。我不知道老公与他怎么说的，但总归是回绝了。

我感觉似乎从那件事情以后，他便很少与我们来往了。不仅人从来不曾到访，就连老公打电话邀请，也总是推三阻四地不能成行。这让我对老公很内疚，仿佛自己像刽子手一般活生生地将老公的朋友一刀砍了头，从而断送了一场友谊。老公倒总是说些宽慰的话，说他不是那样的人，不知他是在安慰我还是安慰自己，毕竟昔日那么好的朋友如今视自己为无物总不是让人舒坦的事情。

我自诩不是个小肚鸡肠的人，但这件事情却成了我的心病，让我耿耿于怀、如鲠在喉。这不仅是因为老公失去了一个朋友，也颠覆了我对友谊和朋友的看法。我一直以为，所谓朋友，就是有事没事就得骚扰对方一下才好；所谓友谊，就是无论有什么不痛快，过一段时间都可以自动修复。

可是，如今这个朋友几年都不曾骚扰我们，可见得在他心里还没有修复好。有时我也会猜想，他的心里会怎么想呢？他会不会觉得"朋友"这个事物很虚拟呢，快乐高兴时一起胡闹倒是不错的，一旦说起钱就退避三舍了。

他心里也很失望吧。

可是，怎么办呢？他不该开口的，我们也不该回绝的。若是他当时没说，若是我们一口应允，也许那友谊和朋友如今都还热络络地黏糊着。说后悔谈不上，但在我的心里遗憾还是有的。所以，你若是想要一直和某人做朋友，还是不要在两人之间放钱才好。不管怎么说，重色轻友是人之常情，但重钱轻友就十恶不赦了。

十指尖如笋

她坐在黄昏的阳光里，脸朝着西面，她的臀下坐着一个矮小的板凳，上面松松垮垮地绑着一块淡蓝色的棉布垫子，面前是一个柳条编织的篮子，篮子里面是大小各异的蛋。每隔十几秒钟，她就会吆喝一句："咸鸭蛋嘞，还有鸡蛋、鹅蛋……"

音调之高，嗓音之洪亮绝非一般人能比，我猜想她定是一位泼辣又泼辣的女人，在她的家里，里里外外都是她来打理，她家的男人只等着享清福就好了。

她总是出现在傍晚，夕阳的光辉洒在她的身上，让她看起来像一尊光芒四射的佛。我忍不住向她走去，蹲下来看着她篮子里的蛋。蛋不多，她已用塑料袋装好，每袋十个，鸡蛋、鸭蛋、鹅蛋，一律如此。

我问："咸鸭蛋多少钱？"

"15。"

"一斤还是一袋？"

"一袋。"

"我想少买点，可以吗？"

"不行，我没有称，有也不会认，要买就买一袋吧，都是腌好的，放冰箱里，不会坏的。"

我默认，然后伸出手去，要将压在鸭蛋上边的鸡蛋拿走。她突然笑着说："你这手长得好啊，十指尖如笋，有福气呢。"

我笑了笑，没说话，我知道生意人对他们的顾客总能找出很多好话来说，可是她仍然抓着这个话题不放：

"看我这手，又粗又短，一看就知是劳苦的人，年轻时受累，年老了也没福可享……"

我一边谦称"没有啦"一边下意识地看了一下她的手。的确又短又粗，手上的皱纹像是风干的橘子，和她卖的溜光水滑的蛋远不在一个层面。

可这又怎样呢？找完了钱，我也便径自回家了。因为有了咸鸭蛋，我便熬了米粥来喝，清清淡淡的白粥，配点黄白分明的咸鸭蛋，在这个浮躁的尘世里于我也是一种享受。我从袋子里拿出一个掂了掂，很有分量，我将蛋一切为二，不料刀那边的一半竟然一骨碌从台上滚了下来，我急忙用手接住，不想却看到了一番美景，白白的蛋白裹着黄黄的蛋黄，好看极了。尤其是那蛋黄，仿佛一轮掉在凡间的太阳，可触、可观、可嗅、可食。

我又想起那个卖蛋的老妇人，想起她的手，心里不免有些慌张：她的手仿佛也十指尖如笋，只是有了岁月的冲洗渐渐变得干老了。那么，若是我老了，若是我也如她一般辛苦，想必我的"十指尖如笋"也当变成风干的橘子皮吧。不管我们谋生的手段差别有多大，当我们共同面对那一篮子黄白分明的蛋时，她很轻易地就看出来了——我们的生命有些地方是一样的。我们只是用了不同的乐器，演奏了同一首歌曲。

她看到我的手，是不是想起了她生命中最为光华的那一段岁月呢？年轻时的她是怎样的呢？想来一定是个精明能干，上得厅堂下得厨房的女子吧？满院子活蹦乱跳的鸡、鸭、鹅都是她一手喂大的吧？想着她一把一把将粮食抓给她的小小生灵，想着那些小生灵扑扇着翅膀低头冲向天女散花般洒落地上的米谷，想着她将那些热乎乎的蛋一个个捡到篮子里的喜悦……

她一定有着满满当当的一生。

而那一刻，在黄昏的柔光里，我不过向她买了一袋咸咸的鸭蛋，她却卖给了我她长长的一生。这长长的一生里，都有什么呢？有愤怒的龃龉？淡然地包容？疼痛的伤痕？莫名的快乐？……我没有问，她没有说。

她何必要说？我何必要问？就让那些不知名的故事静静地躺在城市的某一个街角，安静地睡着，不是很好吗？当我们无意间走过，或许会忽而进入故事里，或沉吟，或欣喜。

片刻。转身离去。在另一个街角，邂逅另一段故事。

我们走不掉了

最早知道"武汉"这座城市是在小学的时候，那时听了一个谜语，谜面是"夏天穿棉袄"，让猜一城市名，尚且没有什么地理知识的我一头雾水，不知所云，待谜底揭晓，才知世上还有一座叫"捂汗"的城市，笑了好长时间。直到小学四年级时家里有了第一台电视机，看新闻联播后面的天气预报，才知道是"武汉"，不是"捂汗"，恍然大悟。

"武汉"再一次深刻进入脑海是在搬来北京之后，就在楼下超市的一角，一个大大的红色招牌，上书"武汉久久丫"。从来没吃过，一时新鲜，买了两根鸭脖，每根切成五六段，拿回家来，做了晚饭的一道菜。因为手懒，所以鸭脖仍旧放在塑料袋里直接上桌，这样可免去我多刷一个盘子的辛苦。不过，这个塑料袋放在当晚的红烧小排、清炒笋丝、姜汁松花和鸡茸玉米羹之间实在有些另类，且我向来喜欢用些精致的异形盘子，这聚乙烯的袋子就更显得寒酸了。但有了它好歹也算凑够四菜一汤了，这大概是它最大的功劳吧。我当时是那么想的。

可让我没想到的是，一口下去便一发不可收拾了，两根鸭脖瞬间就变成了一地碎骨，那些精美的盘中佳肴倒被冷落在了一边。

从此，我成了他家的老主顾；从此，我也成了他家的宣传员。后来，去过很多地方，很多地方都有"久久丫"，但我总觉得只有我家楼下的那家最正宗。所以，不管在哪儿吃到这个小食，我总是爱说"还是我家楼下那家最好吃"。

一个人若是爱上了他家楼下的那家小店，他便不知不觉爱上了整条街道。如此，他便走不掉了。因为，他已经爱上了这座城市。

有时候外出，回家晚了，不想做饭，首先想到的就是去那家小店买点鸭脖或是鸭头解决了事，既省事又解馋，尚未吃到就好似已经占了大便宜似的得意起来。

有一段时间我和老公时常奔走在两座城市之间，另一座城市也有"久久丫"，我吃了说不及楼下十分之一好吃。老公说："那可咋办？让他们来这里吧。不然以后你也不肯来这里陪我养老了。"

我低头不语。

一句玩笑但却深入骨髓。我真的不舍呢，每次肚子饿我总是最先想到那鸭脖、鸭头的味道，不管身在何处。我怕是因为那一家小店的缘故爱上了整条街道了吧，不然我怎么会那么清楚地知道那条街上有八家餐馆、一个洗车行、三家理发店、两家干洗店，还有两家幼儿园？我还知道哪家店刚刚易了主，路边停的车有了什么变化，以及路面上哪里有坑。我也知道在街角处有一家地产中介，每天早晨必要精神抖擞地大声唱歌，不太优美的歌声可以打破任何一个宁静的清晨，但我却觉得有趣儿。

如今，也许已不止是一条街道，我想我已经爱上了这座城市，它的繁华、它的大气、它的深刻，甚至于它某一个角落的荒凉和不堪，在我的心里都有了分量。

我说："到我们老的时候，说不定这家店早就不在了。"

"它不在了你肯定还得喜欢上别家店的东西，就你这个馋鬼。"老公说。

哦，这个挨千刀的，怎么净说到我的心窝窝里呢。我早就想过的呢，要是这对年轻的夫妇有了更好的生活，这个空出来的地方还可以有人租来做麻辣烫，或者土耳其烤肉、炸鸡块、崩爆米花，还可能用来卖冷饮、冰淇淋……总之，这里必须得出现一个让我爱上的食物或是别的什么东西。

因为我不想走呢，我已经爱上了这里，就算没有了久久丫，我还是会爱上其他一点别的什么。我先是"爱乌及屋"，后来又"爱屋及乌"，这是个没完没了的死循环。所以，我们走不掉了。

一车瓜果香

去年冬季，雪珠子就在一个不知名的黄昏悄然而来，如同多年未曾谋面的故人，给人温暖的惊喜。穿过一排路边高大的梧桐，雪珠子的脚步还是那样的急促和轻盈，像极了街上奔跑嬉闹的孩子，银铃似的四处跳着。

今天晚餐吃什么呢？期盼了很久终于下了雪，应该吃点热气腾腾的食物吧。那就吃砂锅，砂锅什么呢？砂锅豆腐吧。白菜家里还有，只买一块豆腐就好。

一路想着，在雪珠子的陪伴下走向了超市门前的那一对夫妇。

"要点儿什么？"女的问我。

"来一块豆腐。"我说。

"你儿子呢？"我又说。

"外面跑着玩儿呢。"

许是因为同是五六岁孩子母亲的缘故，每次去她家买菜我总是爱说说她的孩子。那孩子比儿子小几个月，但与生俱来的勇敢常常让我羡慕，比如他能够自己蹬动他家的三轮车，他敢自己跑到超市里拿东西并跟超市的人说"找我妈要钱"，他会在水泥地上翻跟头，敢和比他大两三岁的孩子打架……我常想，这样的野性比起儿子所谓的稳重和懂事来说，才更像一个孩子的生活。我很羡慕她能让她的孩子自由自在地快乐着。

这个家的男人不爱说话，只要女的在，所有的顾客就都由女的来招

不管屋子多破，只要屋子里有了瓜果的香气，一个家就变得甜起来，大人、孩子就都是幸福的了……

待，而他则静静地待在一边听从吩咐，有时她命他称菜，有时她命他收钱或是找钱，也有时候她命他去把儿子找回来。无论命他干什么，他都只是"嗯"一下，有时"嗯"也不"嗯"，直接去了。即便只有这个男人看店时，他也从不主动与顾客说话，只等顾客开口他才应答，若是不爱说的顾客，全程不需沟通，顾客自己拿了菜递给他，他称了斤两，说一句几块几毛钱，顾客掏钱找钱，安安静静地离开。

我很庆幸我没遇到这样的男人，自家的男人不与他人说话倒算不上什么大毛病，可是也不与自己说话，那怎么受得了？但一片屋顶一片天，这家的女人早就习惯又习惯了他的木讷，她也知足着哩。

我拿了豆腐，隔着塑料袋用手摸了摸，刺骨的凉，我问："天这么冷，晚上菜会不会冻了？"她说，不会，晚上他们会把所有的菜都装箱，然后放进他们的金杯车里，还说："我们都冻不坏，菜更不怕了，再说菜上面也都盖上棉被，没事儿。"

"就是有点挤。"我说。

"嗯，是有点狭窄。不过，睡觉的时候能闻着瓜果的香气，睡得可香呢。"女的笑着说。

我也想起他们的车里似乎还有一个煤气罐用来炒菜做饭，夏天的时候车门常常是打开的，可以看见简单的生活用品。原来，那一辆破旧的金杯车便是他们全部的家当，吃在那里、睡在那里，连菜也住在那里，那个顽皮的小孩一定也把那里当作自己的游乐场，整晚上和父母在一箱一箱的瓜果中嬉闹个没完。也是幸福的一家呢，虽是空间局促了点，但那笑容并不比住着宽敞房子的城里人少些。

每天都有很多人来他们的瓜果摊买水果或蔬菜，无论年轻年老大多穿着入时，有时也会有豪华轿车突然停在他们面前，从上面走下来光鲜亮丽的人买些最昂贵的水果。但卖菜的一家从不为之动容，如入无人之境，男人依旧沉默着，孩子依旧噼里啪啦地折腾着，只有女人对走过来的顾客招呼着，帮忙拿菜或是水果，小心地擦掉泥巴、择掉烂叶、认真地算账，那份细致和投入，仿佛拿着的是金豆银豆。

今年十月，不知从哪一天开始他们突然不再出来摆他们的瓜果摊，至今都还没有见到他们。大概他们从城市的一个角落搬到了另一个角落，在城市的另一角，他们也或许早就开始另一段平淡幸福的生活，男的依旧沉默，女的依旧吩咐着，那孩子也会成为那里某个母亲眼中勇敢的孩子……

他们的空间或许依旧是那辆破旧的金杯车，但有了那一车瓜果的香气，他们便成了这世间最有福的一家人。

"下一站我就下车了"

从怀孕开始就陆陆续续地在家里码字，至于工作室则只断断续续地去过几阵子。现在，则已经好些年都不去单位上班。有时候一个人在家对着电脑发呆，怀念以前挤公交车上下班的热闹和所能看到的众生百相。

北京的公交在早晚高峰时段不是一般人就能挤得上去的，必得有力气、有决心、有技巧，否则就只有被挤到最外一层，然后眼睁睁看着公交车扬长而去的份儿了。车后窗上又总是透出朦胧的面孔，说不好是替站下的人惋惜，还是替自己庆幸，这可能原本就是一种感觉。

但奇怪的是每辆公交车门口处堆挤如山的人群里，竟然个个都是钢铁侠、奥特曼，不管用了多长时间，大家总是能或早或晚地挤进去，被剩下来的人总是少而又少。这又让人佩服公交车"宰相肚里能撑船"的肚量，像是一个超级港口，吞吐量大得惊人。

我也是在那一段时间里才发现了自己潜在的超人一般的能力，虽然海拔不高，但我总是能够很好地借助他人的推力冲上去。当然，也有那么几次，虽然用尽了所有的力气但终究敌不过那些比我更有力气、更有决心、更有技巧的人，成了车上人同情的对象。

其实，车上往往并没有车下那么拥挤，只要上得了车，通常都可以找个地方站稳扶好。我通常喜欢站到车的最前端，因为最早的发动机前置的公交车，前端有一个台阶，站在台阶上我既能看见前面的路况，也能看到差不多整个车厢的人。这也是我怀念公交车的原因之一，我可以一日两次观察车厢里的人们。

这个时间乘坐公交车的人绝大多数都是上班族，穿戴整齐，耳朵里塞着耳机听着我无法知晓的歌曲，这些人中还有尚未来得及吃早餐的人手里拎着包子、煎饼等，也有拿了杯装豆浆的，小心翼翼，生怕豆浆洒出来殃及其他乘客。偶尔也会有到附近的菜市场买菜的老人，拎着一袋子萝卜青菜或是排骨棒骨等夹杂在年轻人当中。年轻的孕妇也有，那一定是还没有到休产假的时间，所以还得继续坚持上班。

遇到老人和孕妇，通常是需要让座的，只是车上的人实在太多，想要让那些坐在座位上的人看到他们也不是容易的事。但只要座位上的人看见他们，总会有人赶紧站起来让一个座位给他们坐。老人和孕妇便会笑着连说几个"谢谢"，安心地坐下。我也见过推托不坐的老人，说年轻人晚睡早起上班不容易，坚决不肯坐，说自己下一站就下车了。年轻人有时为了让老人或是孕妇坐得更加安心，不至于太过歉疚，也常会随口说"坐吧，我马上下车了"。

这真是一个相互体谅的世界。若时时上演这样温情的片段，再拥挤的公交也不愁人们不爱坐。

可我也见过因为座位相互争执的场景，起因常常是一个有座位的人起身要下车，而他身边的两个人早就开始盯住了这个座位，并不分伯仲地都坐了上去，然后便爆发一场血雨腥风的唇舌之战，甚至相互推搡起来。我想，此时大概是一个需要我们来体谅的世界。若不是因为大家都太累了，何至于为了争抢一个座位就失了分寸呢？

不管怎样，再有几站地也要下车了。大家同行的时间不过短短的十几分钟，若是遇到路途遥远或堵车，也不过一两个小时。你的那一站到了，不管高兴还是怨怼，都是要走的。就如人生，那些你生命中重要的或不重要的人，他们都是与你同乘一辆公交的乘客，你们有幸在某一段路上同行，成了朋友或是敌人，但他有他要去的地方，你有你要去的地方，你们的站一到，便各自下车，然后在另一辆公交车上遇到另一队与你有缘的人群，发生高兴或愤怒的事情。

直到有一天，你走到了自己的终点，再也没有公交车经过这里，一切也就结束了。

边缘的日子

租住的小屋大约十平米，除了一张双人床，和一个40厘米宽的柜子再也放不下其他东西，连当年还算苗条的我也常需要侧身走动。位置还算不错，四环北边，距离上班的地方只有两站地，方便得很。厕所是公用的，大约需要步行三分钟，憋急了的时候两分钟也能到；厨房也是公用的，在距离我的小屋十米左右的一间房子里。房租每个月400元，占去了我工资的四分之一。

对于我来说没有钱花永远都不是最差的境遇，那一段时间最要我命的是无尽的空虚，漂泊的感觉一日胜似一日，不知道自己想干什么，也不知道自己能干什么，更不知道自己该干什么，租住在城中村的我如同城市里的一块荒地，不知情者以为我在城市，看到我的才知道我的荒凉。

悠长而美丽的城市梦，是我很小时候就种下的追求，打底的白衬衫，熨平的小西装，乌黑闪亮的高跟鞋以及宽敞明亮的写字楼，当我大步流星地走在城市的任何一个街角都可以成为一道美丽的风景。

如今，真的来到这座城市，才知它与我那么遥远，我不过是游走在城市边缘的孩子，隐隐不肯消退的空虚总是不失时机地出来裹乱，哪怕躺在木板床上准备睡觉了，它也会咕咚一下从天花板上掉下来，当当正正砸在心窝上，凭你怎么撕扯也拿它不掉。如此，回忆便接踵

有时候，不是心有多大舞台就有多大。尤其是一个人的夜里，心的尺码与舞台的大小常常不成正比。特别是当你躺在城市的边缘……

而来，尽是不快。我想起几个月来漂泊在城市的街头，呼吸着汽车尾气，和焦虑的人群一起踏着匆忙的脚步，却不知道自己会走向哪里……

索性起来，到街上走走，看有没有哪一家商店还没有打烊，买一杯汽水来喝。

夏日十点钟的夜晚，仍旧处在喧闹之中，尤其在那个歌厅密集的城中村里，喝得醉醺醺的男人三三两两歪斜着不知要晃向何处。距离村口三四十米便是通向长城的八达岭高速，如今叫京藏高速了。我买了一瓶冰红茶，站在横跨高速的天桥上。来往的车辆川流不息，嗖嗖地从脚下穿过，开车的司机们大略都各怀心事，奔向自己的想去的地方。他们不会想到在他们的头顶，一个漂泊的小人此刻正踌躇难耐，以至无法入眠。

天桥上来往的行人在时钟指向十一点的时候已经逐渐稀少了起来，偶尔有晚归的人都步履匆匆地往回赶，又不忘以异样的眼神看一眼拎着半瓶红茶的我，仿佛我下一秒会从天桥上跳下去一样。但他们又没来救我或是劝解我，只是从我身边经过而已。夜就这样一点一点深下来，很长时间没再见到经过天桥的人，我有些害怕，担心有坏人出没。

行人稀少。夜有了夜的模样。

所以，不如回去吧。

我躺在枕头上，认真地睡觉，不敢让思想开小差，因为我害怕那个可怕的叫空虚的家伙会顺着我思想的某一条细小的缝隙钻进来。它要是钻了进来，我又得消费一瓶冰红茶。

我想，我若不能给这城市画上靓丽的一笔，至少也不要增加它的晦暗吧。

买房记

家里已经有两处墙皮出现了细小的裂缝，用了十来年的家具也显得有些破旧，电磁炉已经用坏了一个，厨房的瓷砖不知什么时候冒出了几个坑，客厅和卧室的木地板由于儿子长年累月地尿液浸泡已然拱起，而我的宝贝儿子也已经从一个受精卵长成了六岁的大男孩儿。

时光流去，十年弹指一挥间。

但我总是不能忘记十年前买房的情景，不能忘记当时的喜悦与兴奋。

北漂的第一年，工作不稳定，房子不过是泡影。每天看着万家灯火，我知道只有租来的那十来平米可以任我自由出入。北漂第二年总算稳定下来，除去房租和一应开销，手里还能剩点小钱。公婆催得紧，要我们赶快买房，并说会替我们交首付，说来真是感谢两位老人呢。

有了首付款就有了定心丸，我和老公开始四处看房，远的，近的，大的，小的，凡是用来居住的楼盘一概不放过。

看房的过程是辛苦的，毕竟家里除了一辆二手自行车外再没有其他交通工具了，远一点的只能挤公交，然后步行若干路程，从夏季的汗流浃背一直走到了秋季落叶飘零，总算把目标锁定在了两个楼盘上。

　　都离租住的房子不远。第一个楼盘整体已经竣工，买了就能开始装修，而且靠着公交总站，出行方便。更重要的是，三居室的格局相当完美，心里描绘着该买什么样的家具，什么样的床品，一切美好尽在勾画中。但这个房子到底没买上，原因是楼间距太低了，一个个头一米八多的朋友伸直了手臂就摸到天花板了，住在里面恐怕比悟空在五指山下轻松不了多少，于是果断放弃。

　　另一个楼盘就是现在居住的这一个，售楼的人说这是板式小高层，也是从那个时候起才知道了什么是板楼什么是塔楼，和上一个一样也有着大大的落地窗，但因为是小高层所以多了电梯，这次特意问了楼间距，净高两米七，心里一下子豁亮起来，仿佛刚从五指山蹦出来的孙悟空。价钱还好，但不敢买三居，总价太高也是承受不住的。那么，就两居好了，自己一间，孩子一间，凑合够住。

　　若是亲戚来了呢？我们早就想好了，像兄弟姐妹这样的骨肉至亲就直接睡地铺，他们是绝不会计较的，若是好几竿子才能打着的那就请他们住旅馆，想来也不会住太久。接下来在精明能干的售楼小姐的帮助下，顺利办了贷款，正式加入房奴一族。虽然开始了还款，但房子还在建设中，大约一年之后才能交付使用。

　　这一段时间实在是让我刻骨铭心。那时，每天下班经过工地，总是忍不住停下来，绕上一大圈找到自己那一栋楼的地基，尽管眼里看到的只是刚刚开槽的大坑，但心里却早已让自己住了进去，躺在柔软的沙发上，看着自己喜欢的电视节目，旁边的茶几上放着各种好吃的零食，还有一尘不染的地板，可以让我光着脚来回跑，再不会像租住的小屋那样步子稍大就会踢到东西。时间一天一天过去，楼房终于一层一层地钻出地面，我和老公就常常坐在楼下，寻找着我们的那一扇窗，谁先看到了必然会大喊"找到了，就是那个，里面有个工人呢"，或者"看，今天好像在刷墙呢"。去得多了，我们练就了火眼金睛，一眼就能找到，从眼睛到窗户的路程就像回家一样轻车熟路，不管有多少树枝挡着或者有了怎样的变化，总不会走错。

经过一年的盼望，钥匙终于到手，两个人站在空荡荡的屋子里喜极而泣。我还记得我在屋子里四处摸着、看着，而老公则用他的大手在各个地方比划着，我问他"干吗"，他说要装修买家具不得有尺寸吗？可五分钟后我问他尺寸是多少，他傻愣愣地笑着说"忘了"。

　　我们铺了一张报纸坐在还未开荒打扫的阳台的落地窗前，回想着买房的每一日，奔波、计算、盼望、失望、等待、欣喜——五味杂陈大概便是如此吧。

　　不过，看房的时候也是很有些优待的，这主要体现在售楼处，售楼小姐个个都貌美养眼不说，还对我们这样的"漂"们笑脸相迎，甚至有几次还为我们准备了咖啡和巧克力。记得其中有一个叫"默默"的，漂亮到让我不想买她的房，每次去我都觉得她口中描述的有着"大大的落地窗"和"风景如画的阳台"的房子只有她才配得上，若是我去住总担心是要糟蹋了那阳台上的风景一般。她还说她的一个客户从她手里一下买了三套房，我实在想不通，疑惑地问老公："她该不会是用了美人计吧？"老公使劲捏着我的鼻子说："龌龊。"

　　龌龊就龌龊，谁让她那么好看呢。要是你有那么多钱我都不敢让你自己来看房。我那时在心里偷偷地想。

　　从那以后，妈妈总爱问我一句话："今后你们就在北京了吧？"

　　我总说："嗯，就在那了，房子都买了嘛。"

　　房子就如同一根绳子，牢牢地将人拴在了一个城市，让人时时觉得家就在这里。我听说"心若安定，天涯海角都可以为家"。可烦恼是，你还是觉得自己不属于那个城市。而当你有了一间属于自己的房子，便理直气壮、不由分说地在那里扎根了。也有很多人最后将房子卖了又选择了另外一个城市，但在那另外一个城市你若没有自己的房，仍然觉得自己不属于那里。

　　这种感觉我有时觉得奇怪，有时又觉得理所当然。

一沓冥钱

小区北面的街道很荒凉，虽然大大小小的商铺也有，但比起西面和南面来说还是不值一提，所以我几乎不走北门，也不到北面去。但物业公司在北门，一年一度的物业费总是要交，虽然可以拖拉几个月，但物业公司隔三岔五例行公事地来要账，实在搅得我无心生活，于是咬咬牙去银行取了钱。

如此，便经由小区北门而出，然后东行600米到物业公司。北面的楼层有20层，为的是挡住地铁的噪音，但20层的高楼同样也挡住了温暖的阳光，十月底的两点钟格外阴冷。我禁不住脚步加快，却突然瞥见一沓红色，我的心猛地一紧：捡钱了？一毛两毛的钱倒是没少捡，可红色的大票子从来没碰到过，更何况那看起来不是一张。我赶紧走过去，却赫然发现，它们在这个世界上不能流通，那是给死人的冥钱。

心里又是一紧。

突然想起上个月就在最北面的某一栋有一个高中毕业生跳楼自杀了，具体原因不详，有人猜想是没能参加高考，有人猜想是高考失利，也有人猜想是与他人发生了矛盾。究竟哪一条除了那个绝望的孩子没人能够知晓。

我与那个孩子素昧平生，但脑海里总是会自行勾勒出一张脸，有时候眉清目秀，有时候面部丰满，有时候长了细细的胡茬……这些脸都有一个共同的特点——稚嫩。是啊，他还只是个孩子啊！有什么事情让他如此地绝望，是社会容不下他？是亲人不关爱他？是朋友不理解他？还是其他什么原因？可是有什么比青春更宝贵的呢？傻傻的孩子，你还有青春啊。青春是这个世界上最大注的资本啊，只要有青春，其余的那些有什么好在意的呢？

我有些替那个孩子惋惜，也不免替他的家人难过。原本可能是一个亲亲热热的家庭，母亲守家，父亲上班，晚上七点钟，一家人围桌而坐，或米粥咸菜，或饕餮佳肴，但说说笑笑，一派祥和。而今，这个家与这个孩子的缘分就只剩了这一沓纸钱了吧。每到清明祭日，亲人烧了纸钱，哭着喊着让他回来拿。他会来吗？他看到这一沓冥钱心里会难过吗？漂浮在天空中的小小的灵魂在即将离去的那一刻会有些不舍吗？

这个世界上自杀的人不知道有多少，我们常常指责他们不负责任、太傻、太懦弱，可是我们又对他们做过什么呢？想来一个自杀的人是经过一番思想挣扎的啊，他定然是对这个世界没有一点留恋了呀，可是身边的人竟然都没有发现吗？是这个世界上人与人之间变得冷漠和生疏了吗？事实上，我无意责备，如果是我的亲朋，我也未必能做些什么，大概也只有事后扼腕的份儿。

看着那一沓没能燃尽的冥钱，发黄的边缘微微卷曲，也不知那个孩子在另外一个世界到底接收到了多少，不知道那里还有没有纷争和怨恨，若是另一个世界如天堂美好，请务必要珍惜，若另一个世界依旧残酷，请务必坚强。

暖冬

说也奇怪，今年的冬天格外地不像个冬天，冬至的饺子吃了，腊八的黏糊粥也喝了，可就是连一片雪花也没飘下来。每天早晨拉开窗帘都想看到白茫茫的一片，看到千树万树梨花开，有几回还想着要是下雪了可别忘了拿雪铲下去，不然车玻璃上的雪除不干净。但每次都是失望，偶尔也会有白茫茫的一片，要么是大雾，要么是雾霾。阴沉沉的好像有了下雪的意思，可过不了多久太阳又嬉皮笑脸地从大雾的缝隙拱出来，像个和妈妈做鬼脸的孩子一样，让人哭笑不得。阳光所到之处，又是一派温暖祥和，楼前的老头老太太们又在阳光下开始了他们的棋牌活动。只是它将云彩挤走了，谁来证明这一个冬天的存在呢？

近一段时间很多人都感冒频发，小孩子们鼻涕啦啦地嬉闹着，大人们也少不了"吭吭"地咳嗽。于是，人们嘴里谈的都是这莫名其妙的天气——

怎么就不下一场雪呢？

下一场雪就好了。

这雪不下，空气就干燥，人就容易生病。

去年的雪下得太早，今年又迟迟不下，唉……

记得有一次听电台的广播，说第二天部分地区有小雪，于是一天之内从座位上站起来若干次，向窗外张望，脖子都伸长了，只看见了楼下停车场里灰头土脸的汽车，它们的身上没有盖上雪白的"棉被"，哪怕是夏季的薄被子呢，也没有。一直等到了第二天，听人说在城南部好似飘了几粒雪花，可还没等人看清就软软地化在了半空中，时间也短得可怜，几分钟而已，能看到这似雪非雪的雪景的人也算是幸运了。

　　我在城北，雪花没有找到北上的路，所以我也没能碰触到这罕见的雪景，只能整个冬天都和儿子一起唱儿歌，聊以慰藉："小雪花呀爱在空中来玩耍，飞来又飞去，飘飘又洒洒。小雪花呀你有几个小花瓣，我用小手接，让我数数看。哎呀，哎呀，雪花不见了。哎呀，哎呀，雪花不见了。"

　　这的确是一个暖冬，不仅北京没有下雪，好些城市都没有下雪，比如临近的河北也一样没有雪。昨天看见有人发了个有趣的帖子：

　　石家庄，今年这雪下还是不下了！丢不丢人。丢不丢河北的脸！你让黑龙江怎么看！让吉林怎么看！让山西怎么看！让河北以后怎么在北方混！都这时候了太阳还有脸出来呀！和谁晒脸呢？秋天，你走不走了？冬天，你来不来了？你俩处对象呢？恋恋不舍，磨磨唧唧的。整的这天忽冷忽热的。俺们可都是无辜的。这家伙的，让你们折腾得咳嗽没完，感冒不断，鼻涕瞎拉的。你俩赶紧确定关系。给个痛快话，要不直接立春算了！

　　我自己在屋里笑出了声。忍不住将"石家庄"换成"北京"，把"河北"换成"首都"，念了一遍又一遍，一样好笑。念着念着突然发现，这口气像极了我教训儿子的场景，比如：

　　"禾禾，你今天作业做不做了！多大了，还整天等妈妈喊你做作业，隔壁的弟弟笑话你不？老师明天批评你不？这都几点了？禾禾，你做不做了？干吗呢？磨磨唧唧的，你气死我了。赶紧快去，要不今天别做了，直接交个空作业本算了！"

哦，原来当你在一座城市里住得久了，也会把它当作自己的孩子一样。当它不那么尽如人意时，你会忍不住嗔怪几句，但只是牢骚，绝不是厌弃。就好像我唠叨我的孩子，我就是气疯了也不会厌弃的呀。

断章

笔下不能生花时我便站在窗前看风景，有时会看到稀世豪车忽地一下从路上飞过，有时会看到风吹得行人睁不开眼，有时会看到两只流浪的狗彼此怒目而视，但看得最多的是一群孩子。孩子是附近一家私立幼儿园里的，由于园里场地太小，天气晴好的时候老师便领着孩子们在楼下跑步。说是跑步，却没有个队形，不过是一前一后两个老师夹着乱成一团的孩子你推我搡地喧闹而过。其中总有个别的孩子不肯跑，或是跑得太慢，有的干脆还要让老师抱着。

某年快入冬的某一天，笔下又不能生花，踟蹰间听到孩子们的吵嚷，便倚在窗前看着。当他们乱乱哄哄跑到我窗下时，有一个小女孩突然停下，用手指着树上的梧桐子，穿了黄蓝衣服的年轻的老师便蹲了下来，与那孩子一同对着树上的小圆球指指划划。我住的略高，又关了窗子，听不见她们说什么，但料想应该是那孩子问老师树上圆圆的是什么果实，能不能吃之类的问题。老师耐心地给她讲解，然后两个人开怀大笑，不知为何。

我也笑，直笑得唇边刚刚愈合的火气泡又裂了缝。我听见自己说：人家看梧桐有趣，你跟着笑什么？我听见自己回答说："她们看梧桐，我在看她们呀。"

世间的事大概就是这样，不管看似多么不相干，却在不经意中就有了千丝万缕的联系。如同卞之琳的《断章》：

你站在桥上看风景

看风景人在楼上看你

明月装饰了你的窗子

你装饰了别人的梦

奇怪又奇怪的事情。我们尚沉浸在风景之中，自己竟也成了风景，就有一个人在远处或是近处看着你的举手投足、一颦一笑，自己却浑然不觉。

20岁的时候我也装饰过别人的眼睛呢。

那时我总爱梳两个小辫子，低低地伏在耳后，发梢刚好搭在肩上，就像电影《致青春》里面的郑薇。没有郑薇漂亮，但那天刚好是我的背影对着一个学习摄影的青年。他礼貌地对我说："不好意思，我刚才拍了一张你的背影。"我惊愕得说不出话来，他则轻松地说："因为看你好像在想什么事情，所以没有事先告诉你，而且也怕一说话就破坏了那场景。给我你的地址，我会把照片寄给你的。"

那照片我现在还留着：一座石桥上，一个女孩儿，蓝色条纹的T恤，及膝的牛仔裙，白色的运动鞋，搭在肩上的两条辫子。

一个青春的背影。

上天何其厚我，竟然让我成了一道风景，让两个素昧平生的人有了一段青春的对话。如今，我已日渐丰腴，青春的影像再不复重来。但我想，我还是时刻都要好好的，因为谁知道在哪一个时刻自己就成了别人眼中的风景了呢？

窗

办公室里有一扇临街的窗，夜晚的时候，那窗就成了一面奇妙的镜子，一边映出室内灰白的墙和天花板，另一边透进街灯暖暖的橙黄。于是两个世界的景色，就出现在同一幅画面里，一远一近，是影视片中"叠"的经典笔法。

不知道为什么，想起席慕容笔下的那一扇窗——开向一处植有梧桐芭蕉的小小院落，窗里有一张尘封的琴，孤独而坚持地珍藏着沧桑的千古余音。

眼前的这一扇窗其实并不寂寞，因为办公室里电脑的主机还在不打瞌睡地处理着尚未完成的工作，老式的针式打印机织布一样打印着我一整天的劳动成果。

那一年我刚到一个富丽堂皇的写字楼工作不久，晚上经常加班。五点一到，同事们便陆陆续续地下班了，只有我这个尚未摸着门路的新人常常需要留下，或备份数据，或打印资料。然后，再把打印好的资料分门别类，准备好第二天一早送到领导的办公桌上。之后，才能关掉机器，下班走人。

晚间的电影是《神话》，我心急如焚，但那台顽皮的打印机三番五次地卡纸，我几近疯掉。眼看电影就要开始，它依然嘎吱吱嘎吱吱地唱着。我无聊地站在打印机旁，把心释放到窗外的世界里。隔壁某银行门

或许生活本该如此，窗里、窗外，就在匆匆忙忙间转换着，合成一曲急舒相间的旋律。

口的那个小小的童话世界应该还在，各种美丽的装饰皆是为圣诞节而准备，从圣诞前夜开始就燃起了两支高高的红蜡烛，向行色匆匆的人们悠悠地问候。过一会儿就会路过那里，我还想看一看今晚会不会更加不同。

此时的二环路早已灯火辉煌，汽车排成两条相向而行的长龙，一直"擦身"却舍不得"而过"，街对面的楼里每个窗口都亮着灯，也许还有和我同样命运的人在加班熬点，但我是看不见的，只见了那灯光，冲我微微笑着，暖暖的。

打印机半忙半歇地打印完了资料，我整理停当，一一放好。关灯，锁门，再看一眼临街的窗，"明天见！"然后饭也不顾得吃，只拿了一小袋甜点，就奔向了《神话》。

外面到处都洋溢着圣诞节的气息，满大街的玻璃窗上都是圣诞老人和雪花，各家门前大大的圣诞树上挂着闪烁的彩灯，树上棕黄的松果、洁白的苹果以及各种颜色的小小的礼物在灯光下忽明忽暗地变换着各种颜色。我停在一家快餐店门口的圣诞树前，感觉自己也走进了童话里，成了安徒生童话里的一个孩子，天真地等着圣诞礼物的到来。不知怎么，又忽然想起电影，一路飞奔，比开演的时间晚了五分钟，但好在电影前有几分钟的广告，谢天谢地，没耽误。

那时候刚刚换了一份工作，一切都要从零开始，办公室的生活占据了我每一天绝大部分的时间，窗外的生活只是时而隽逸、时而鲜亮地填充在工作之余的时间里。那时常想，等将来自己熟悉了工作，能得心应手的时候，窗里的时间就会减少，窗外的时间就会增加，那样也许才更像生活。

如今，窗里的时间与窗外的时间都由自己来决定，虽然不愿意一直在窗里忙碌，却也舍不得一直在窗外悠闲。或许生活本该如此，窗里、窗外，就在匆匆忙忙间彼此转换着，合成一曲急舒相间的旋律，平和又湍急地流淌在生活里。

大排档

盛夏，下午六点钟，太阳失去了中午的威严，悄悄扯过西边的高楼挡在脸上。聒噪了一天的知了也累坏了嗓子，音量降低了很多。街边的路灯接二连三地亮了起来，虽然还不是太阳余晖的对手，但依然大大方方地宣布——

夜幕降临了。

刚刚下班的人们拖着疲惫而闷热的身子汗渍渍地坐在竖了大大的遮阳伞的排档里，一边向服务生招手，一边从桌子上哗啦啦地拽出几张纸巾擦抹脸上的汗水。夏季里的大排档永远都是人们心中的圣地，羊肉串儿、腰花儿、鸡翅，加上大大的扎啤，一种略带着颓废的松驰让人们贪恋。

我也不想在这坐着都流汗的日子里围在灶台前打转，况且做得再好也只是一个人守着那饭菜，寂然垂目，默然咀嚼，不过是个宇宙洪荒的节奏。索性也去大排档，来上几串羊肉串儿，再来个烤鸡翅，然后一盘子麻辣烫，二十块钱搞定。

我坐在最边上的一个小桌前，以免一拨又一拨来来往往的客人不断从我身后挤来挤去。夏季里的等待最是熬人，眼见着身边的人都吃上了，自己的那一份却还没有着落，倒比在太阳底下也不轻快多少。无聊的时间便催生无聊的想法——我开始打量所有在座的客人。

世间万事，大约多是如此吧，不管白天如何闹闹哄哄，不过一觉的工夫，便散了去。

男男女女，有的西装革履，有的背心短裤。女人在这里也变得与别处不同，大多都能喝几杯，即使是带了孩子的妈妈也常从男人的大扎啤里分一杯出来。排挡里的女人更多的是年轻人，吊带裙，化着艳丽的浓妆，与三五好友围坐，吆五喝六地与男人们一较高下。她们有时会忘了女人的羞怯，与身边男性友人一同吸烟、讲粗话，当然也一样会"吸溜"、"吸溜"地吮吸炒田螺。

炒田螺是各家排挡都有的必备曲目，但附近的排挡里唯有这家做得最好，味道可分微辣、中辣、极辣和变态辣四种，每一种都做得酱汁浓厚，直吃得人两手油腻，吃到最后一颗还忍不住嘬一嘬手指头。

想到这儿，我给自己也加了半份炒田螺。

门前的街道总是在盛夏的夜晚显得更加迷人，香味四溢，人声鼎沸，各种灯光连成一片，恍若白昼，觥筹交错，推杯换盏，大口大口吃着刺激食欲的小吃，间或有女人曼妙的声音和男人爽朗的笑声。

"不说了，媳妇，来，干了。"

声音坚定有力，仿佛落在地上都可砸出坑来。循声望去，一个中年男人正端了满满一杯扎啤与身边的女子对饮。那女子布满愁容的脸在男人的话语之后变出了一丝笑容，亦费力地举起扎啤与男人同饮。男人将整整一杯扎啤一饮而尽，那女子也许是不胜酒力，也许是纤细的肚子里已灌不进，也许是因为突如其来的哽咽堵住了喉咙，只喝了几口便放下了。然后小鸟依人地靠在男人的肩上，柔柔地说："嗯，就当我们做了个梦好了。"

我的麻辣烫先端了上来，接着炒田螺也到场，只等烤串和鸡翅。我一边麻麻辣辣地吃，一边忍不住猜想，这样恩爱的一对不知遭了什么打击，也不知道他们的梦里都有什么。但听那女子的口气，他们一定有着非常不错的生活，却在突然之间"忽喇喇似大厦倾"，至于细节我无从知晓。

烤串用的是铁钎子，我握得有些近，不想却将手烫了。扔下烤串儿，看看被烫红的拇指和中指，吹了吹，心想："还是先吃田螺比较好。"我拿了牙签，一个一个往外挑那田螺的肉，酱汁流得我满手都是，我忙着用纸擦，忘了那两人，不知他们什么时候离开了。

第二天一早，我赶着上一堂课，五点钟从家里出来，正看见环卫工人风卷残云般地收拾昨天晚上人们制造的一片狼藉。

上午11点半回来时，一切早已归于宁静，整齐干净的大街如同什么都没有发生过，昨天夜里的盛况恍如一梦。

我又想起那一对失落的夫妻，不管过去他们曾经多么了不起，也不管如今他们多么的落魄，一觉醒来之后，一切便都散了去。想来，世间万事，大抵如此吧。

亚军，我不扰你

亚军，是我大学同宿的姐妹，因为海拔都很谦虚，又常形影不离，总是被人说成双胞胎。但实际上，我和亚军的性格相去甚远。我属于思想单一、行动邋遢的类型，而她则有主见、有想法、有魄力。那时候去距离学校十几里路的地方实习，没有公交车，我又不敢在人多的路上骑自行车，那两个月的时间每天都是她来来回回地负责运送我。我几次都不想去了，是她硬拉着我，说："美死你算了，有专车接送你还矫情。"

毕业时，她的家里为她在某事业单位谋了个不错的职位，轻松惬意，且旱涝保丰收。但她去了不到半年就毅然辞职，奔了天津一家台湾企业。两年后，她又不满足，挥刀北上到北京，并迅速成了一家公司的半大人物。

而我虽然比她早两年来到北京，但除了结婚早再没有什么领先的了。她的智慧和勇气总是让我无法企及，我甚至觉得我们不是同一条路上的人。但多年的友谊就在心里生了根，不管她跑得多快，飞得多高，我还是会时不时地去骚扰她，一坐半天，吃她老公烧的让我难以下咽的菜。嘴上说"以后可不来你家了"，但不过个把月又颠颠儿地去了。

我们原本快乐而平静的生活在去年七月的一天被噩耗突然打断。

我从同学群里隐约得知，她的宝贝女儿竟然罹患白血病。我很清晰地记得当时自己心跳的声音，但我不愿意相信，所以打电话。可是拿起电话又不知怎么开口，我在心里纠结：直说，如果不是那多不好意思。要么就假装不知道，开口就胡扯，可她如果不跟我提怎么办？她既然不告诉我，证明她不想让我知道，我问还是不问？另外，如果是真的，我该怎么安慰她呢？

我就说，没事，亚军。——怎么可能没事呢？！白血病啊。

我就说，别怕，亚军，有我呢。——我能做什么呢？

我就说，亚军，你别哭，别哭。——搁谁能不哭呢？

那一刻，我觉得我的语言贫乏得如同一张被硫黄过度熏蒸的白纸，看了令人生厌。好在最终接电话的是她老公，我胡乱说了些什么，自己也弄不清楚。但总比听见亚军哭要好。第二天，我顶着七月正午的骄阳跑到医院，亚军出来接我。一时间，我们除了相拥而泣，再不知道说什么。

呜呜咽咽地哭了半天，她说："你回去吧。"我说："嗯，你别哭了。"可自己又不争气地流下泪来，她强压着眼泪又说："你走吧。""哦。"

我知道，我来与不来，对孩子的病情没有一点影响，不过是徒增亚军的难过罢了。所以，我毅然转身，亚军也向病房走去。我又转回来，看着她一步一步往里走，看见她抽动的肩膀，看见她走到拐角处蹲下去捂着脸哭泣——我，这样一个多年来的朋友竟然什么都不能做！我真是恨透了自己。

钱！对了！钱！

治病一定要花很多钱，我仿佛落水的人突然抓到一根救命的稻草一样，觉得这一场灾难中我终于有了喘气的机会。我还在半路上就又拨通了她的电话，问要不要用钱，她说不用，用了会找我。

之后每隔两天我就打电话，问她用不用钱，她一直都说不用。我疑心在电话里说显得不够诚意，又亲自烤了孩子爱吃的饼干，送过去，一并说钱的事，但她还是坚称不用。并且我得知，她每出来见我一次就需要全身进行一次消毒，将全身衣物全部换掉，然后自己洗澡清洁，才能再见孩子。

我想我真是做不了什么，反倒添乱了。我又开始了电话询问，终于有一天她说："你给我送点吸油纸来。"我立刻冲去烘焙店买了厚厚的两沓吸油纸，第二天兴冲冲地出发，还给她带了我自己种的无农药无化肥的有机萝卜，可到了她家门口才发现我太过兴奋，竟然忘了带吸油纸。她用白眼翻我，我乐。我说我明天再送来，她气哄哄地说，不用了，蠢货，还能干点啥？我又乐。

看得出，孩子的病情得到了很好的控制，亚军的心情已不似先前沉重。她说我可以去看看孩子，但因为我尚在感冒所以不敢去。她说没事，可我不去，她的孩子也如我的孩子，一丝都大意不得。

现在孩子已经顺利进行了骨髓移植，并且已经转入普通病房一个月有余。亚军说，需要三个月的时间，这一段时间谁也不见。

好的，没问题，我等。

已经有一个多礼拜了，没给亚军打电话，但我看见她常常用手机上网，料想孩子状况不错。所以，就安心了。既然孩子很好，既然亚军很好，既然她需要安静，那么，我能做的就是按住自己的心，捆住自己的脚，别去捣乱。等到孩子完全康复的时候，她一声令下，我便以光速飞奔过去。

不过，这一段时间，亚军，我不扰你。我想，最好的朋友应该是在你想要热闹的时候就陪你天马行空、胡作非为，在你想要安静的时候，就老老实实地在一旁等待。你若是说我不给你打电话，不够关心你，可算我白跟你瞎扯了这十几年。

城市的夜空

一起吃过晚饭，拿了三毛的书胡乱翻着，他则坐在床角抽烟，烟头的白灰下露出点点红光，在秋意渐浓的夜晚微微透露出些许的暖气。本也无心看书，索性放下，让心跟着那蓝烟缭绕而上，房屋的狭小、生活的窘迫都跟着那烟变得轻松和自由起来。但还来不及眨眼，那缭绕而上的蓝烟就变成了缕缕的细丝，慢慢不见了。

他似乎忘记了手里的烟，呆呆地坐着，烟上的白灰越积越多，慢慢地压灭了那一点点红光。他拿出火机再来点，却因积了太多灰而点不着，于是轻轻一弹，烟灰静悄悄地落在地面上，一点声息也听它不到。

我说，出去走走吧。

已是秋分时节，夜晚的空气已经微冷。想起叶圣陶在《没有秋虫的地方》里那句话——凄凄切切的秋虫又要响起来了。可是，这钢筋水泥的街道里，哪有一点秋虫的声音呢？"并不是被那些欢乐的劳困的宏大的清亮的声音淹没了，以致听不出来，乃是这里本没有秋虫这东西。呵，不容留秋虫的地方！秋虫所不屑居留的地方！"

何止没有秋虫，连万里高空的星星都鬼魅般地藏起来了呢。在夜空里一闪一闪亮晶晶的差事早已交由霓虹灯掌管了。郑智化的《星星点灯》也只能传唱，而不能照亮我的前程了。但没有了星星的夜空依然是夜空，只是它是否寂寞是否委屈，不再有人过问。也或者在这样喧腾

城市的夜空也美，霓虹闪烁，灯火辉煌，但总不及乡村的夜空，有一闪一闪亮晶晶的小星星。所以，城市的夜还是少出来为妙，免得不小心丢失了自己。

的城市，压根儿就没有人注意到夜空的寂寥。至于星星究竟哪里去了，那不过是老天的家里事，别人才懒得去过问呢。就像忙碌的人们总是会为着一盏灯的辉煌而奔波，却不顾扑火的那飞蛾的死活一样。

街边的树倒比乡村的品种要丰富和高贵些，但无论你是火红的枫，还是高大的桐，落在地上的叶子多么像柔软的毯子，都会被一笤帚扫去。这个城市不需要"碧云天，黄叶地"。

碧云天？

是呢，曾经瓦蓝瓦蓝的天空如今成了城市上空的一块毛玻璃，灰蒙蒙的让人喘不过气来。特别是在晚上，城市的上空没有天空，只有五颜六色的霓虹灯照射出的凌乱的光带，红的、紫的、蓝的、绿的、橙的、粉的，混杂在一起又成了一种混沌的颜色。没有天空做家，星星也不知游玩到了哪里，总归让心绪不是那么顺畅。

有时候，真想做一把巨大的掸子，拼了吃奶的力气也要将天空扫一扫，去除那灰蒙蒙的颜色，让星星舒服地打个呵欠，眨眨它的眼睛，夺回在夜空里一闪一闪亮晶晶的权利。

小的时候看电视剧，人死了，活着的人便安慰那被亲人抛下的孩子，说每一颗星星都是一个人灵魂的家园。一个人如果死了，那么他的灵魂就会找到他的家园，他就会在夜空里对着我们眨眼睛。可是现在，人尚在，星星去哪了呢？若有一天我们的躯体焚做一抔灰烬，我们的灵魂该去往何处呢？

这个城市到底是我们最终的归宿吗？

这样想着，看了看身边的他，他又点燃了一支烟。临街的店铺各种颜色的灯光把烟头的那一点暖黄重重地打压了下去，有风吹来，蓝烟迅速被整坨整坨地吹走，就连灰白的烟灰也无法固联在烟头，呼啦啦撒了行人一身，我们则获得两颗白眼。

我拉了拉他的手说，回去吧，这城市的夜空没有那么好看。

他嘴角勉强向上做出笑的样子，说，等我能养活你的时候你就会喜欢了。

关于人情

　　刚毕业的时候我在工厂干了几年，工厂是国营的，里面的绝大多数人都是熟人，因为凡是不想出去或出不去的人都可以进入工厂工作，别管什么工种，总能混口饭吃。后来，企业改革，制度逐渐转变为自负盈亏，于是工厂开始从外界招收大学生，我是第三批或第四批被工厂引进的"外来户"。

　　初来乍到，凡事都要谨慎，一言一行都造次不得。但凡我说过话后，别人有一点异常，我便顿时就觉得从脊梁骨蹿上来一股凉气，手脚冰冷，两腿发抖。有时她们也当着我的面说些荤段子，看我害羞，班长便"训斥"我的那些老前辈："瞎说什么，人家小许还没结婚呢。就你们一个一个流氓德性。"

　　她这样说时，大家就闹得更欢，说："瞧你说的，人家小许是上过大学的，大学里什么不学啊，是吧，小许？"

　　我低头不语，只笑。明明知道大家并无恶意，但还是从心里感激班长常常站出来替我说话，并觉得班长格外亲切。一来二去，我觉得这人不错，对我这样没有一点实践经验的后生不仅不苛待，还很热心。于是，我的警惕心逐渐放松，她们在一起胡闹时我也跟着说几句，她们偷偷打麻将时我也经常放下手里的工作站在后面看，觉得只要班长在，一切都没事，就算被领导撞见，天塌大家死。

　　但"理想很丰满，现实很骨感"，这句话真对。我的理想就是和大家

很多时候，之所以不开心，并非因为金钱或是权位，而是因为我们对人情的希求过于奢侈。

其乐融融，有福同享，有难同当；现实就是大家根本就不拿我当家里人，尤其那个可亲可敬的班长。

那是一个周六的下午（这个工厂每周只休息一天），炎热的天气让原本就不想上班的人更加烦躁，又有人提议到存放报废的小件电器的库房里打麻将，所有人一拍即合，我也自然而然地钻了进去。我不参与打麻将，但我正在为冬季织一条围巾，一边织围巾，一边听着大家欢闹也是不错的心情。

就在大家情绪暴涨的时候，有人说："快收起来，主任来了。"稀里哗啦，劈嚓啪嚓，一通手忙脚乱，终于将"罪证"藏了起来，我织了一半的围巾也在惊慌之中胡乱扔进了那个装麻将的柜子。然后所有人迅速跑到自己的工作台前，开始上演各自的一丝不苟的戏码。

主任是闻着风来的，他径直走到仓库门口，命班长打开，班长泰然自若地打开，仿佛她刚才匆匆忙忙从仓库跑出来是因为将一个报废零件放进去后要赶着回来进行下一项工作一样。但主任火眼金睛，指着放麻将的柜子说"拿出来"。班长愣住了，紧接着说："主任，您别发火啊。"主任瞪着眼说："拿出来！"班长表现得一脸无可奈何，打开柜子将我织了一半的围巾拿了出来，苦苦哀求主任："主任，您可别一生气给拆了，小许刚来，您别吓着她了。这事是我的错，您就批评我吧……"

主任当时没说什么，也没拆我的围巾，只在后来跟我略略提了一下，说工作时间不要干私活，算是点拨我。其实，我当时并不在现场，我扔下围巾就跑回了我的工作台。班长的这一举动是班长的徒弟告诉我的，她说："妹子，别太实心眼儿了。有些事啊，不是你看到的那样。"这也算是点拨我。

我为这事闹了很长时间的心，一下子觉得班长不那么可亲了，甚至觉得可憎。后来，我不再和她们打得不分你我，也没敢再麻烦主任来点拨我。我和班长的徒弟走得近了些，慢慢听到好些她的不如意，比如干活的是她，邀功的是师父；比如明里毫无保留，暗里却留了几手；比如种种。她说："唉，做人徒弟天生就是来受气的。"我解劝她说："有些人的出现，就是用来给我们添堵的。"

说完这话，我觉得我的心也宽敞了不少。既然给我添堵是她做人的任务，那么我还有什么好希求的呢？我想我这句论断简直可以称为精辟，但后来我发现在这方面我远远不及老孟师父。

老孟师父是厂里的元老，差不多将一生都兢兢业业地奉献给了这个要死不活的工厂，他干了半辈子的时候成了技师，技术一流，整个车间无人能敌。他也有一个徒弟，这个徒弟非同一般，是从特种部队出来的。他说这句话的时候让我从心底里震撼了，但最后我听到的消息是，他是从特种部队刷下来的，也就是说他曾经参加过特种兵的选拔，但没能过关。退伍后又回到他父母亲所在的这个工厂，投师到老孟的门下。

能成为老孟的徒弟是工厂很多人的梦想，因为老孟不仅手艺好，人也好，不会栽赃，不会抢功，更不会留一手甚至几手。起初，老孟的徒弟也敬佩师父，但他自持天资聪颖，总想超越老孟。有意无意地与老孟竞争，但他解决不了的问题，老孟都能解决。时日长了，他便对师父有了敌意。

老孟并不理会，依旧认真工作，耐心教徒。可年轻气盛的徒弟总是不能释怀，他不仅在技术上与师父较劲，还从方方面面与师父展开了搏斗。比如偷懒，比如栽赃，比如抢功，老孟看在眼里，却从没明明白白地挑破，只是在"不伤害他人"的前提下将自己的损失降到最低。

一转眼，徒弟来了三年，很是想施展一下自己的拳脚，至少他想要证明自己的翅膀已经硬了。有那么一次，机器不能正常运转，老孟说多半是其中一个轴承坏了，徒弟说："师父，你歇着，我去换。"

徒弟拆开机器，果然是轴承有问题，他悄悄换上了一个好的轴承，同时将工作正常的电阻也换了一个。然后，趁人多的时候，对师父说："师父，你判断错了，不是轴承坏了，是有个电阻老化了。"老孟愕然，随即笑笑，没说什么。有好事者打抱不平，说："不可能，老孟从没出过错，准是你小子搞鬼！"

"谁搞鬼了？！师父就不能出错吗？老孟就一辈子没人能超越了？"徒弟愤愤地叫嚷着。

"就你那点能耐谁不知道啊，除了动点歪心思还能干吗？"

"你说谁呢？是不是欠揍了！"

老孟赶紧拉开两人，温和地说："算了，算了，徒弟说得对，我老孟也不是神仙，只是大伙抬举我了，现在很多问题都是徒弟帮我处理……"

徒弟白了一眼众人，表情复杂地走了。余下人都说老孟干嘛三番五次地纵着这个白眼狼一般的徒弟，说应该找个日子和这个徒弟比试比试，让他输得心服口服，这样他就老实了，就不敢再争了。

老孟又笑："比那干什么？他一个孩子，不懂事，等他慢慢岁数大了，经过的事儿多了，总会明白的。"

"您老这样太委屈了！我们都看不过去。"

"这有什么呀，一个孩子长大不得既遇到坏人也遇到好人啊，我呀，既然做了他的师父，就得是他人生中的那个好人……"

所有人都对老孟竖起大拇指，连我也在心里将自己放平在地上，对着老孟三叩九拜。

离开那个工厂已经十来年了，但我总想起那里翻手为云覆手为雨的复杂人情，也想起老孟的豁达，觉得他就像一座雄伟的大山，有无数的毛头小子想要征服他。他们用尽全力踩踏大山，抬高自己。但老孟不言不语，稳稳当当，泰然自若，只是在某一个瞬间宽容地接纳了那些想要挑战的愣头儿青，给他们一个窥探真颜的恩赐。

有时候我想，我们之所以因为人际而不开心，固然是因为我们遇到了蛀虫，但更多的时候又何尝不是因为我们对人情的要求过于奢侈呢？

第四辑

有一个我，如此，路过人间

青山绿水也好，沟壑泥泞也罢，这人间的一草一木、一人一花，有多少都守着自己灵魂的一隅，你看或者不看，心就在那里，寂然欢喜……

那个小村庄

小村的名字叫小蔡庄，没有什么特别，甚至显得有点土气，翻了县志，也没有找到与之相关的神话故事，所以其名称的由来就被公认为以姓氏命名。但终究不知道当年是哪一位蔡氏家族的了不起的人物光了宗、耀了祖，竟能够得以将整个村子冠以蔡氏。如今，村子里依然有蔡氏，但并非村里的大户，反倒是张、王、李、许、魏各自都有了相当的势力，把蔡氏夹在其中，显得与这个村名不那么搭衬。

尽管小村没有闪耀的历史，但在我心里，那是我整个童年最华美的背景。除了它，别无其二。

我记得家门口有一口老井，老井有多深我并不知道，但我知道它能提出水来。每天清晨，大人们便提着水桶到井边，汲取一天的源泉，洗衣做饭都要用的。井上有一个辘轳，逆时针摇可以把水桶放下去，顺时针摇又可以把水桶提上来，在我看来那是个神奇的东西。也有大人嫌辘轳太慢，便用自家的绳子直接将水桶扔下去，晃动几下，水桶便灌满了水，然后左手、右手，一把一把将水桶拽上来。

我是不能靠近去看的，大人们总是对小孩子说，水井里面有妖怪，看见漂亮的小孩儿就会拉了去，再也上不来。四五岁的我因为深得父母家人以及左邻右舍的疼爱，自认为也属于妖怪喜欢的类型，所以只是远远地看着。有时我会在心里勾勒一幅图画，画中一个四五岁的小女孩扎着小小的辫子，穿着千层底、蓝布面的方口鞋，裤脚高过脚踝努力在腰间吊着，洗得发白的浅蓝色的夹袄托着一双童真的眼睛，东看西看，看大人们看不到的美。这样的一幅画不知画了多少遍，慢慢地觉得画里面那个可爱的小姑娘仿佛成了小村最亮晶晶的一笔，如同玉米发糕上那颗鲜红的大枣一般。

小村的南边有一座戏台，简陋又简陋，不过是几根粗粗的木棍竖立起来，支撑着另外一些横躺着的木板而已。逢年过节时，村里好唱的一班人便粉墨登场，唱几出人们耳熟能详的戏目，像《花为媒》、《铡美案》、《桃花扇》等，唱腔是家乡特有的评剧，我们通常叫它落子。演员都是村里的乡亲，熟悉又熟悉。但只要他们穿上那盛艳的行头，岁月刻画的粗犷的脸庞被浓墨重彩一装扮，便立刻被台下的看客认作是下了凡的天仙。

青衣花旦们把那戏台想象成后花园，那乍现的春愁闺怨，如春水一般在水袖的起落间洇入台下看客的眼里。戏里戏外，便开始有板有眼地渐入佳境。将相布衣，爱恨情仇，一出戏罢，"角儿"总要沉湎许久才能悠然醒转；而拭尽泪眼的看客，也吸一吸尚留酸意的鼻头，重回现实，纷纷议论着谁唱得最好，哪个人物最讨人嫌，以及待会儿回家是做玉米馍馍还是吃青菜汤。

小孩子总是不能认真看戏，三五成群地挤到后台看"角儿"们换装，仿佛如此便可以揭开那下凡的仙女们的神秘一般。但我是个例外，我喜欢看他们认真地在台上唱、念、做、打，虽然一年一年，总是那几出熟悉的戏目，但这并不妨碍我一遍又一遍地入戏，一次又一次替古人揪心，我为《花为媒》的皆大欢喜而乐，也为秦香莲的楚楚可怜而哭。可只要曲终人散，母亲牵了我的手说，走了，回家了。我便又立刻抽离回来，心里的忧伤也瞬间舒展。

如今那口老井早已填平，全村的人都用上了自来水，嘎吱嘎吱的辘轳声已然随岁月的大河奔流而去；戏台也不复存在，取而代之的是宽阔的广场，农闲时节的茶余饭后，男女老少便聚在广场，喜欢动的跟着音乐扭秧歌，不喜动的就坐在周围拉家常。也是一番祥和，但总觉得不如儿时的村庄宁静恬淡。

我想我是个念旧的人，以后的种种我不大去想，但以前的种种却总是像谷地里的麻雀，一个接一个扑飞过。

我还记得村子的西面有一条小河，人们习惯叫它西河沟，我一直怨恨祖辈们为什么不给它取个好听的名字，比如玉水河呀、蝴蝶溪呀，后来上了学，我更加恼祖辈们没给这个承载了我童年美好回忆的地方叫莱茵河、苏伊士河，看人家那河的名字多有韵味，可我们日日戏水的地方却偏偏叫了西河沟，真是让人汗颜。

但就是这个名字丑陋的西河沟，却是我和我的伙伴们最开心的水上乐园。小河很浅，最深的地方也没不过孩子们圆滚滚的小屁股，但我们一般只集中在横跨小河的一座小桥的两侧玩耍，因为在小桥的底下沿河向两侧延伸十米左右的地方都抹了水泥，而且这里的水只刚刚到达脚踝而已。夏日里成群结队的孩子就在这里消暑。小河的水很清澈，总有一些小小的鱼儿随水而来，孩子们便一拥而上、围追堵截，鱼儿也是顶伶俐的，就像鲁迅笔下的猹，常常在你冲过去的时候"倒向你奔来，反从胯下窜了"。可不是气得让人跺脚？

夏季时河的两岸开满了小花，叫不上名字，黄色的居多，这里一朵，那里一朵，像夜空里的星星。女孩子会采上几朵，假装不经意地插在头发上，有人说"你头发上有花"时，又故作嗔怒地大喊："谁这么讨厌啊?!"

谁这么讨厌呢？

多可爱的孩子，多可爱的小时候的我，多可爱的西河沟。

既是小村，农田定是少不了的，那是农家人赖以生存的口粮。小村的四周全是农田，花生、玉米、大豆、红薯、高粱、谷子、小麦，样样都可以种。最是忘不了将要秋收的时候，满眼都是果实，真有点像"稻花香里说丰年"呢。这满满的收成，不仅庄稼人喜欢，就连庄稼地里的麻雀也跟着欢喜。父辈们闲聊着好收成，那麻雀就在一旁跳来跳去，仿佛看到了自己丰衣足食的日子。

越是这样的年景，地里的稻草人就会越多，穿着自家农夫穿破的衣裤，苦守着主人一年的辛劳。像样的稻草人总少不了一顶帽子，如同英雄出征必然要配一把宝剑一样。麻雀怕了，远远地跑开，去别家觅食。这一片地，这个稻草人便寂寞了。用不了几天，稻草人就低头认罪，故意弄丢了帽子，或是扯坏衣服露出稻草。于是麻雀又成群结队地回来，在稻草人的肩上、头上欢快地跳跃。黄灿灿的谷地又热闹起来。

小村还有碾坊，有晒谷场，有高分贝的喇叭，有红砖青瓦的房子，有打碗花，有那么多那么多让我忘也忘不了，忘也忘不了的人和物，直到今天都是。我如何记述得清？如何述说得完？所以，我慢慢喜欢上了邓丽君的老歌——小村之恋：

弯弯的小河，青青的山冈，依偎着小村庄；蓝蓝的天空，阵阵的花香，怎不叫人为你向往。啊，问故乡，问故乡别来是否无恙？我时常时常地想念你，我愿意我愿意，回到你身旁，回到你身旁，美丽的村庄，美丽的风光，你常出现我的梦乡……

每当我想念那个小村庄，我就哼一哼这首老歌，越哼越想，越想越哼……

怕鬼

我从小怕鬼，不敢一个人走夜路，不敢一个人在黑暗的屋里待，直到现在也是这样。我猜想我的怕鬼离不开童年时期母亲以及金庸先生对我的影响。

母亲没有文化，她所认识的汉字总共也就是她自己的名字加上父亲的名字，所以我小的时候所听到故事大多带有迷信色彩，像什么黑白无常如何索命啊，阎王爷和小鬼打架啦……尤其是我晚上不好好睡觉的时候，母亲总会说，快睡觉，闭上眼，一会儿猫猴子要来了，大红眼睛要来了。

从我记事儿起，心里就一直暗自描绘着猫猴子、红眼睛、黑白无常、无脸鬼、吊死鬼、长长的红舌头等各种经典鬼魂形象，而且越描绘越逼真，有时就觉得它们呼啦啦一下子就到了我的背后。我吓得猛然转身，但它们又瞬间不见了，我从不曾捕捉到它们的身影，它们却总是与我如影随形。

后来在我八岁左右的时候，家里有了一台黑白电视机，那时最好看的电视剧就是由金庸小说改编的《射雕英雄传》，里面的人物很多年以后我依然如数家珍。其中最让我不能忘怀的不是郭靖和黄蓉，而是梅超风。她总是从一个黑暗的地方伴着鬼一样的笑声忽地一下出来，伸出长长的手指，瞬间就让一个活生生的人变成一堆白骨。

此后，我便更加害怕黑的地方。那时，每次在黄昏或者更晚些的时候经过尚未点灯的老旧的房屋，便觉得那梅超风就蹲在里面，我只要从那里一走，她就一下子从窗口跳出来把我抓了进去，接着屋里就又多了一堆白骨。

我简直不敢想象我童年时是怎么熬过来的，竟然没有被鬼吓死。大概到底是一个人面对黑暗的时候很少，而且即使不得已面对了黑暗，那鬼也从来没有出现过。上学以后，老师们清一色都是唯物主义者，一再强调世上并没有鬼，还给我们举例说："如果每一个人死了之后都能变成鬼，那么从古至今几千年来，死了多少人啊？地球就这么大，那么多的鬼挤挤插插的怎么活？恐怕就是有鬼也都挤死了呢。"

我们听后大笑，觉得老师说的有道理，以后再面对黑暗时，心里便想着老师说的那句话，心里便可稍稍安静些。五年级时，一个男同桌，个头不高，但四方大脸，看起来很英勇的样子，每当有人说起鬼时，他便说："哼，你们这群胆小鬼，有什么好怕的？我还希望能看到鬼呢，那样我就是全世界第一个看见鬼的人，我就出名了。"

人大概就是这样，自己模棱两可的时候，往往别人说什么就觉得是什么，反倒没了自己的想法。我听见那男同学的论调也大为赞同，从此，一想到"鬼"有可能让我这个名不见经传的小丫头一夜成名，就又觉得它没有那么可怕了，甚至还生出了一点点的好感。

可惜直到我长大成人，成家立业，都无缘与"鬼"结识，我渐渐淡忘了我曾经对"鬼"是那么的恐惧，也忘记了想要像那位男同桌一样借助"鬼"来成名的捷径。

有一日做梦，却真的遇到了"鬼"，现在想来，依旧毛骨悚然。那鬼的样子并不可怕，一袭白衣，长长的头发非常柔顺地散在后背，面容清瘦却很靓丽，大大的眼睛秋波荡漾，是很典型的美人儿。

彼时，我是一个在河边玩耍的孩子，阳光明媚，我正蹲在河边，用稚嫩的小手撩起河水，然后看一长串的水珠慢慢落回河里，一个又一个的小小涟漪相互碰撞，这个扰了那个，那个又扰了这个，总找不到一个水圈是圆圆的。我一抬头，那女鬼正站在河的中央，对我轻盈浅笑，伸出手臂，对我说："来，到这里来……"那声音轻柔得像快要睡着的母亲呢喃着摇篮曲一样，绵绵软软，又让孩子着迷和沉醉。我忍不住想要向她走去，站起来把穿着红色凉鞋的小脚踩入河水，那样的凉，透骨一般。一个声音告诉我：不可，她是个水鬼。

啊！……

我呼喊着想要后退，她还是站在那里巧笑嫣然，对我说："来，到这里来……"我又觉得她是个可爱的女子，那样亲切，怎么会要了我的命？这世间怎么会有如此美丽的鬼？我又想要向前。那个声音更加严厉：不可！她是个水鬼！

啊！……

这一次我彻底清醒，我知道她真的是个水鬼，在一个阳光明媚的日子里不幸落入河中溺水而亡，变成了孤孤单单的水鬼，再没有一个玩伴，整日泡在冰冷的河水里，我真想和她做个伴儿，抚一抚她的孤单。她慢慢向我靠近，没有一点狰狞，只是伸出手，轻飘飘地说："来，到这里来……"

我有些害怕，想要抽身往回跑，可是脚却陷在了河里，不，是她抓住了我的脚，不疼，但却抽不回来。我拼命地喊，拼命地往河岸上爬，她却不放手，拉住我的脚，笑笑地说："来，到这里来……"

自始至终，她的眼睛不曾眨一下，就那样笑笑地看着我。我哭喊，拼命抓住岸边的一小丛野草，那野草却扎根不深，几下就失去了救我一命的力量，与我一同被往水里拖，我用脚踢那女鬼，她也不急不躁不生气，只是不撒手，我半个身子已经陷入水里，我大声呼喊："妈，妈——"四肢挥动，企图挣扎一份生的希望……

"喂，醒醒，醒醒，——"

有人抓住我的胳膊摇晃我，我霍地一下醒来，一身的冷汗。

"做噩梦了吧？"我深吸一口气，确定是老公的声音。

"嗯，吓死我了。梦见一个水鬼，定要拖我下去和她做伴儿。"

"从小就怕鬼，现在还怕？都多大了。"

"怕呀，这世间若真有鬼，怎么能不怕？但更可怕的是，你明明是个人，那鬼却非要认你做同伴，要你与其一同做鬼。"

"好了，没事儿了，做了个梦而已，把手放好，别压在胸口上。"

"好，睡吧。"

我拽了拽被子，把能盖上的地方一处不留地盖上，心里还是不能安稳，总在想：幸好只是个梦。

怀揣一个秘密

不知为何，我家的老鼠在我上高二的那一年格外猖狂，常常将大白天也当作月黑风高夜，大摇大摆地在屋子里跑来跑去，如果我们做出动作要抓它，它"哧溜"一下就钻进犄角旮旯，如果我们不理它，那老鼠们便来来回回地奔忙着，如同戏台上上来下去的衙役，并不把我们这些大活人放在它们的鼠眼里。

为了与老鼠斗争，家里几乎每个角落都放置了老鼠夹，但老鼠总是能够神不知鬼不觉地将老鼠夹上面的花生豆偷走，剩下老鼠夹自己傻愣愣地站着，直到父亲觉得时日太长拿出来看时，才又放上一颗新的花生，等待老鼠们误闯陷阱。

说来老鼠的这般本领在农村来说倒也算不得多么了不起，但我有一个一直不曾说的秘密却与这贼头贼脑的家伙有关，那就是我的初吻——我的初吻就先给了老鼠。

那是七月初的一个周六，暑假将至，天气早已经变得炎热起来。上午在学校做了两张模拟试卷，中午顾不上吃饭就往家里赶。回家的路是平坦的柏油马路，但距离大概有30里，当年瘦弱的我一口气骑了两个小时的自行车才在下午一点钟回到家里，先吃了凉凉的西瓜，又吃了妈妈烙的糖饼，然后美美地睡了个午觉。

晚饭也简单，打卤面，炎热的天气总是让人食欲不佳，也让人没有心思围在灶台前大张旗鼓地做出若干花样来，唯有凉凉爽爽的捞面省时省力，还不至于哽了人的喉咙。又从院子里拔了一棵葱，与白白的豆腐拌在一起，也是夏日里的美味。饭后的时光于我没有什么意义，父亲母亲与乡邻们坐在门口的水泥墩子上纳凉，我坐了会儿，他们东家长李家短地话题一直入不了我的耳朵，干脆去看电视。电视也无聊，尽是叮叮咣咣你死我活的枪战，和被美化得不成样子的农村，实在看不下去，干脆躺着。

"夏日炎炎正好眠"，说得真好，没一会儿的工夫我就昏昏欲睡了，灯也没关，就那么明晃晃地照着我。朦胧中觉得有人亲我的嘴，我一惊：从小到大，就连父亲和母亲都好似没有与我有过这般亲昵的举动，谁呢？突然又感觉嘴唇发热，用手一摸，黏乎乎直流到嘴角，我睁眼一看——血！

我一转身，看见一只硕大的老鼠正从炕沿边上跳了下去，大概因为太慌乱，那老鼠跳下去稍有些趔趄，但立刻纠正姿势，以迅雷不及掩耳之势跑到了柜子底下。我追它不着，当然我根本就没来得及追，况且我也没有那个胆量。

我猜想这是一只雄性老鼠，不然干吗偏偏挑了我的嘴唇来咬。还好，它懂得怜香惜玉，并未咬得太狠，用纸擦了擦，按了一会儿便止住了血，只留下嘴唇中间偏左一个小坑。待第二天醒来时，竟然没有人发现。我只顾着吃各种母亲给我准备的好东西，也忘了这张嘴昨天夜里被一只老鼠亲吻过。

每个月才回家一次，周六下午到家，周日下午就要返校，这一点点时间总是顾不得那个好色的不知雌雄的老鼠。回到学校后，各种试卷铺天盖地，那只老鼠被挤得小到不能再小，我甚至一度将它遗忘。直到高三快要高考时，死气沉沉的校园突然因为老鼠的事情沸腾开来，不知学生们从哪里听说有人得了猩红热。猩红热为何物，我们都不知道，但人们都说这是一种流行性疾病，据说老鼠就可以传播。为此我惶惶不可终日，但不敢与同学讲，生怕自己一说出来，就成了人们争相躲避的对象，学习原本就已枯燥，再成了孤家寡人，可不是要了命了？后来，老师辟谣，说，不要惊慌，猩红热根本没有在我们的县城里流行，大家安心复习准备高考就行了。

这个病到底与老鼠有没有关系，老师没说，估计没有吧。但从此我对那只老鼠多了一层芥蒂，有时会有意无意地询问被老鼠咬了会怎么样？得到的答案是鼠疫和狂犬病。又得知，狂犬疫苗须在一定的时间内打，还得知，狂犬病的潜伏期是20年。

那时候经常会担心自己突然在某一天成了狂犬病患者，疯狗一样四处乱咬，一想到那样的场景就觉得后背发凉。但我终究没向任何人说起我与老鼠的那一段"缘分"，它就这样成了我的一个秘密。

有一个这样的秘密远不及有一次暗恋那样甜美，但好歹是只有我一个人知道的事，无论到什么时候，我总有一件别人不知道的事情，一想到这一点就觉得自己成了一个有趣的人，一个有内容的人。

暗自窃喜。

但秘密这东西要不大不小才好，太大了一定藏不住，比如怀了宝宝，你想让它成为秘密就太难了，你一定会在某个不经意的时刻顺嘴儿说了；而太小呢，你又会连自己都忘了，比如你丢了五块钱，用不了几天这事儿就自己消失了，哪里来的秘密？所以秘密是有尺码的，须得刚刚触动了你心灵的某一个角落，但又不至于大喜大悲，而且又要说与不说皆可。说了，无伤大雅；不说，也无损生灵。

秘密，大概就是这样一种浅浅淡淡的东西，如同一个不浮不躁的女子，静默如水，软软地在心底流淌。

考试

在我活过的这三十几年中，怕的事情数不胜数——怕除了猫狗以外的所有的动物，包括米面里的蛀虫以及猪、马、羊、鹅等看似温顺的动物，怕一个人待在黑暗里，怕太大的空间，怕与人争执，怕吃苦的药片，怕在不清澈的河水里划船，怕长皱纹，怕在公开场合讲话……

但我独独不怕考试。

幸而考试是上学的重要内容之一，我便得以体会那一份自信和安然。小学和初中时，我是优等生，考试自然不在话下，老师在考场上只盯着那些成绩向来糟糕的孩子，走到我跟前时，他们的眼睛一般都在天花板、窗外，或者其他孩子的身上，我像是一块实心的大石头，始终安好地落在地上，从不给老师的心上添堵。遥想起来，那是无比神圣的十来年。

高中后，情窦初开，稀里糊涂仿佛谈了两次如今想来有些"掉价"的恋爱，结果耽误了听讲，成绩不仅不再前茅，反而一路小跑成了后进生。每次考完试试卷发回手里，我都会对那些被减了分的题审视好长时间：明明做题的时候思路清晰、计算精准，可结果却被打了红叉，莫名其妙。待老师讲解完毕，恍然大悟，原来自己走的不是那条道儿。到了下一次，我还是和上一次一样，信心满满，圆珠笔在草稿纸和试卷之间龙飞凤舞，学习委员还没答完的时候我就能交卷。卷子再发下来时，发现自己又

考试的最终结果虽然常常能够一清二楚把我与别人区分开来，但在考场上，我想别人和我一样，都是从零分开始。一想到这儿，我就什么都不怕了。

不在老师的"道儿"上，然后沮丧、失落才汩汩而来。

有次周末回家，我爸说："你学了好几年英语，我考考你。"

"好。"我不假思索地答应。

"'粮食囤'用英语怎么说？"我爸一张嘴就给了我一道难题。

但我很快就找到了答案——big food box——装粮食的大盒子。幸好我爸不懂英语，他若是懂，估计他肯定对我说："上了这么多年的学，英语书都那么一大摞了，连个'粮食囤'都不会说，你还有脸做学生？"

也许是因为我知道我爸不懂英语，所以才敢跟他胡诌，我心里明白只要我回答的足够迅速，对与不对都没有关系，只管答就是了。

上了大学后，我更加向着不及格的方向猛跑，不到半年的时间我就在第一次年终考试时获得了三科不及格的"好"成绩，差点留级。这个结果让我心惊肉跳，想起爸妈含辛茹苦地供我上到了大学，我从小村里乌鸡变凤凰才让爸妈脸上添了光，若是一下子留了级，不光自己没脸，就连全家人都得跟着没脸了。

我又疑惑，考试时，我气定神闲，且千真万确那些题目都如有神助般地在我笔下一一生出答案来，就连我一向听不明白的线性代数都没有一道题空着，可结果竟然是这样！但是下一次考试，我又像打了气的气球一样，信心爆棚，仿佛自己和那些考第一拿奖学金的同学一样，他们笔杆子乱转，我也一样挥毫泼墨，丝毫不比他们逊色。唯一的区别是在公布成绩时的得分和排名上，而且相差悬殊。可我始终没有对考试犯过憷。

心灵的小屋

现在真是一个奇特的时代，人与人交流，总不免要问：你家是三居还是两居？……哦，两居的确是窄巴点儿，不过一家三口也还够住。三居不错啊，够得上小康了。

不知道是不是人们太过压抑了，所以总是不自觉地寻找空间感，似乎有了足够的空间心灵便宽敞了。又突然想起中外的两句名言，一个是法国的雨果说的那句：世界上最广阔的是海洋，比海洋更广阔的是天空，比天空更广阔的是人的心灵。另一句是我国的俗语，叫"大肚能容容天下难容之事"。

每次想到这两句话都觉得自惭形秽，也总是让我在无限敬仰之时，不知所措。像我这样的小小草民，恐怕此生也难以拥有那样博大的胸襟，更不知要累积多少泥土、多少浪花、多少云霓才能成就那种广袤。所以，尽管我一直都有效仿的渴望，但终究是踮了脚尖、伸直了手臂也无法企及，于是又常以自己是小小草民而宽宥了自己。

人们关注住房是因为身体需要空间，人们又把心灵比作天空是因为心灵也需要空间。身体活动的空间可以以长宽高来计量，而心灵活动的空间又该有怎样的面积和布置呢？每个人心田的面积未必相等，但总的来说其内容不外乎爱、事业和自己。我便是如此。

爱在我的心里始终占据着最重要的位置，因为我知道在我的心里

每个人的心灵都如同一间小屋，小屋里有爱，有事业，也有自己。我们想要活得舒适，就必得安抚好这里面的一切。

爱越多，仇恨和不快就越少，对父母、对爱人、对孩子、对朋友、对身边所有的人……我未必做得很好，但我心里始终是爱着的。我之所以爱是因为我记得那些不爱的时日：

还在天津上学的时候，与远道而来的同学去北宁公园，中途迷路，问路人，路人指左，我们向左而行，十分钟仍不见公园踪影，问交警，曰向右。我气愤到爆炸，返回途中，路人仍旧在原地，我上前劈头盖脸质问："你什么人啊，不知道路瞎指挥什么？让我们多跑一段路对你有什么好处？没见过这样不讲道德的人！"那人诺诺不敢言语，同学拉我走开。同学说："干吗生那么大气？说不定他只是记错了而已。"

还有一次坐公交，一个醉酒的男人抱着一个小女孩一屁股坐在了我身边，这本不算什么，但他竟然坐了我半条腿，我大喊："你往哪儿坐呢？"他说："座位啊，怎么了？我买票了！"我回："你买的是你那个座，不是我的腿。"孩子恐惧地搂着他的脖子，他说："算了算了，不跟你一般见识……""谁愿意跟你费唾沫！"车至中途，孩子睡着了，男人不停地将孩子往怀里抱紧，但已经是四五岁的孩子横躺下来总不免要占到我的座位，那男人试图让孩子蜷缩起来，但孩子不舒服没一会儿就直开身子占领我的空间。我也有些不忍，没有看孩子，也没说让他抱走，倒是男人主动对我说："对不起啊，挤着你了，可孩子那样蜷着实在不舒服……"原来，他那么爱孩子。我瞬间对这个男人多了些许宽容，对那个小女孩多了不少爱怜，心情也豁然开朗。

人间事，不过是爱与仇恨的交替，我们一生所经历的悲欢离合、喜怒哀乐都一一铺陈在心灵小屋的几案上，与天地呼应，铮铮作响。假若你的小屋爱比恨多，小屋就会春光明媚，你就成了有福气的人。假若你的小屋恨比爱多，小屋就阴风惨惨，你就成了悲哀的人。谁不想成为有福气的人？所以，我总是相信只要我们的心里爱多于恨，这世上的光明就多于黑暗。

我的心里还有事业。所谓事业就是赖以谋生的手段。同时也占去了我人生的大部分时间。如果你所做的是你的爱好，这几十年的光阴将是快活和充满激情的时光！但如果你不喜欢，那么这漫长的日月也足以让日月无光。我不知道从一开始就能找对行业的人能有多少，但从多数人谈及工作便流露出乏味麻木的表情来看，这样的幸运儿实在是少之又少。永远不要把事业只当作是赚钱的手段，不要轻视了它对于我们精神的濡养，不管工作岗位重要与否，它都在以其深远的力度和广度挟持着我们的心灵。

但我们常常因为太年轻不能认识自己，抽丝剥茧，才能水落石出。我们很难知道将在大学刚一毕业还是要到了四十岁甚至更老的时候才能真正触摸到自己倾心的工作。我从最早的机械电子技术员，到加湿器的推销员，又到与文字结缘，用了5年多的时间。在这五年里，泪水、汗水、迷茫、懊恼、焦躁……所有负面情绪的词都能用得上。

但我仍旧是幸运的，在我的前半生就找到了它。当然，有些时候你或许早就了解了自己的心，但却因为太年轻，尚无法真正独立而不得不依附于事业外壳上的金钱或是地位。而当你有了足够的力气将事业之外的所有寄生物一一剔除时，已然耗费半生。不要灰心和懊恼，不管多晚，我们心灵的小屋都在等待着你所爱好的那一项事业。

我的心灵小屋还有很大一块留给了自己，我想这并非自私，而是美好生活所必需的一项基本技能。前些年，儿子刚出生，房贷刚还完，生活似乎刚刚起步，那时我如所有贤惠的中国标准式家庭主妇一样，一心扑在家上，一天24小时心系孩子，除此还要兼顾稿子、老公、家务，以及家里一应收入和支出，绞尽脑汁用最少的钱让家里家外都能像样。我给老公花多一点钱买稍微上点档次的衣服，给儿子花最多的钱买营养并安全的食品，我用除了看孩子、写稿子之外的时间来打扫卫生、洗衣做饭，不让家里乱成一锅粥……我没有给自己留一点空间。许是因为我太过劳碌，几个月后我开始掉头发，大把大把地掉，床上床下，客厅卧室，厨房卫生间，走哪儿都是我的头发，两周后我发现自己的前发际的地方都快要露出头皮了，不得已将留了好几年的长头发一刀剪掉。做医生的朋友说，我就是太累了，要学会给自己留点时间。

我恍然大悟。其实，心灵又何尝不是如此呢？我们自己的心灵小屋，不住着自己，又住着谁呢？可事实上，它又偏偏不是这样——在我们的小屋里，住着所有我们认识和知道的人，却唯独时常落下自己。我们把自己的头脑变成宽阔的大道，让他人思想的汽车，或马车、自行车尽情驰骋，却不给自己的思维留一条羊肠小道。我们在乎身边每一个人的想法，却总是忽略了自己的心。我们把世界万物保管得妥妥当当，偏偏弄丢了自己。

这怎么行？若是这样，我的心灵小屋，用不着地震或海啸，只在徐徐的微风中就悄无声息地坍塌了。于是，我开始健身，约自己的朋友小聚，到有特色的餐馆品味美食。最重要的是，我发出的声音未必甜美，但绝不再是别人的喉咙里嘟囔的话语，我说出的见解未必犀利，但绝不是别人圈过的范围。这样的日子我又找到了生命的阳光。

心灵的小屋，是每一个智慧生灵得以快乐生活的源泉，也是我最最珍视的生命的土壤。

总是不够自信

有那么一阵子，我常以谦卑自居，那种感觉如同如来或是孔夫子附身，总是对任何人任何事都抱着谦虚的态度。比如人家说了某个观点，我便点头称是，即便心里一万个不服，也绝不露半点声色；比如人家说我穿某件衣服不好看，我便说自己的确应该加强一下仪表仪容的修为；比如有人夸我皮肤保养得好，我便说"没有啦，你看这不都褶子了吗"……有人羡慕我会写东西时，我常说，这有什么呀，认字就能干；有人羡慕我可以自由支配时间时，我总是安慰人家说，唉，连个正当的差事都没有，你要豁出不挣钱来你也能过这样的日子……

后来我发现，我这样说并非出于谦卑，而是一种习惯。我把回忆不断往前倒，最后才知道我其实打小的时候就是这样子。记得小学五年级时，我有一次考了全班第一名，到同学家里玩，同学的母亲见到我就说："要是把你这大脑跟我们家小旷（同学的名字）换换多好。"

我迅速低下头看了看自己的棉袄，窘着脸说："我这大袄（家在河北唐山，'袄'字的发音就是'脑'）？"心想：我这大棉袄有什么好？里子是妈妈穿破的秋衣，面料是姐姐穿破的夹袄，幸好妈妈手巧将那一朵很好看的什么花儿正正当当地安排在了胸前，哪里比得上你家小旷那些现成的有小蝴蝶的衣服呢？见我脸红，小旷妈又说："还不好意思啥

一个人自卑常常并非是因为你什么地方不好，而是一种习惯。这种习惯又往往不是横空出世，而是从小就开始了。

呀？你看你每回都考第一，我们家小旷找天天督促她学习，结果总是连前三名都难进。"我这才明白，此"大脑"非彼"大袄"。

我小时候还很害怕和我的外甥女在一起，她是我大姐的女儿，只比我小一岁，但她生来就有很窈窕的身材，脸蛋也白净好看，我则一直都是矮墩墩的黑，将乳牙替换掉的恒牙又很不知趣地长了又长，最终长成了大板牙。直到现在我都记得她有一条花花绿绿的裙子，是条连衣裙，她的个子高腿长，走路又快，我总是要加快步伐，却还是在她后面半步。有风吹来，她的裙子就那样呼啦呼啦地在我身上掠过，我想象着自己也有那样一条裙子，可忽然间又想到，就我这个头若是穿了那裙子，整条街道都被我拖干净了，赶紧把这个念头扔一边，紧走两步赶上我的外甥女，自然我也从没敢要求家里给我做一条同样的裙子。

那时候我只有在学校的时候才自信，因为我学习成绩好，所以颇得老师的青睐，各种大大小小的奖励拿了又拿，从早年的几支铅笔到后来的硬皮作业本，再到后来的塑料封皮的日记本，数不胜数；奖状更是贴满了家里的墙壁。老师偶尔去家访，也从没说过我的不足，只说我肯用功，又聪明，是个好苗子。不仅如此，在学校里的各种活动都少不了我，什么当大队长升国旗了，组织学生们打扫操场了，后来还帮忙老师刻卷子（我小时候班里考试的试卷都是老师在一块板子上铺上油印纸，然后用一只刻笔将试题一字一字地刻上去，然后再用油墨印出来），也帮忙改作业，我如同老师的贴身秘书。大概因为成绩优异，所以在各方面都受关照，就连小时候"六一"儿童节的文艺演出也从没被嫌弃过，我记得小学二年级时表演过歌伴舞《小蜻蜓》，后来唱过《熊猫宝宝》，还表演过独唱《小妹呀小妹》，以及《世上只有妈妈好》和诗朗诵等。

但是到了高中后，我的成绩很快就从名列前茅一路跑到了中等偏差的水平。没有了成绩做后盾，我便觉得自己万事都不如人，不知道是不是正赶上青春期的叛逆，反正后来一位同学说其实她特别想跟我交朋友，只是看我整天绷着脸不说也不笑，所以被吓回去了。仔细回想，那时的确常常一个人形影相吊，但我并没有意识到这是因为我不自信与人交往，而错误地认为我正如"狮子老虎"一般独来独往，长大后才发现，其实"蛤蟆老鼠"也并非成群结队，这个念头给了我重重地一击。

这种不自信也体现在爱情上，从春心萌动到结婚生子，我从来没有被别人甩过，这倒不是因为我多么优秀，而是因为对那些太过优秀的男生我从来不敢流露一点爱意，且要保持相当远的距离；假如是已经交往了的，一旦看出事情不妙，我也会迅速撤身，以免遭受别人奚落。

毕业后参加工作，厂里对新分配的大学生总是另眼相看，会邀请我们参加各种活动，但我总是推托说自己不行，事实上我听了他们唱的卡拉OK，看他们在舞台上走模特步，就感觉到这样的娱乐活动并不需要多高的水平，胆大就够了。可下一次，我又退缩了。我只硬着头皮参加了一次演讲比赛，题目是"合作"，写稿子我不成问题，成问题的是上台演讲。我在宿舍里偷偷地练了又练，直至滚瓜烂熟，但真上了台，还是紧张到快要窒息，词倒是没忘，只是那速度快到评委都没太听清我要表达的意思。

现在早已走过而立之年，但还是改不掉这个习惯。与老同学在一起，就觉得没人家混得好；与家庭主妇在一起，就觉得没人家漂亮有气质；与爱说的人在一起，就觉得没人家有观点；与沉默的人在一起，就觉得不如人家有内涵……

这真是个可怕的习惯，好在我不是那种钻牛角尖的人，转个身就忘了，接着又开始自己的天真无邪了。但这终究让我在那时那刻心情不爽，所以还是要改。

我们只是回到了人间

姐妹五人中，二姐是除了我之外学历最高的一个——高中毕业，但她正赶上上个世纪七十年代热火朝天的"支农"运动，因此学习成绩是次要的，重要的是要多劳动。不仅如此，就二姐而言，她愿意参加劳动还有一个重要原因，那就是凡是参加劳动的人可以吃到烙饼熬粉条，以现代营养学来说，这样的饮食无疑是单调的，但在当时连温饱都成问题的时期，却可以媲美今天的鲍鱼海参。有时候，我猜想一定是因为那个时期对于美食的向往才让二姐养成了热爱劳动的习惯，直到现在二姐已经到了"知天命"的年纪，依然对家里家外的活计毫不犯愁，农田也好，屋里屋外扫地打水、烧火做饭也好，她都不在话下。

可是，这样一个勤劳能干的二姐偏偏也要遭受命运的考验。二姐的孩子，也就是我的外甥在出生三个月的时候患上了大脑炎，高烧不退，当时医疗条件很差，村里的赤脚医生都不敢接手，二姐只能抱着孩子坐着二姐夫的自行车半夜两点多到距离三四十里地远的一家医院就医。二姐回忆说，当时孩子抽搐得不行，她哭着跟前面的二姐夫说："完了，这孩子完了，儿子要没了……"但二姐夫还是不松劲儿，说："只要还有一口气儿就要送到医院，不能半路上撂下他不管。"终于到了医院，经过抢救，孩子总算是活了过来，检查的结果是大脑炎，需要住院治疗。

"不管怎样，总算保住孩子的命了，谢天谢地。"二姐说。整整三个月的时间，小外甥只能平躺在病床上输液、打针，以至于现在外甥连一点儿后脑勺儿都没有，平整得如同二姐整理的一方田地。全家人包括当时尚且年幼的我都以为命运之神到底还是眷顾了勤劳的二姐，但后来我们慢慢发现，孩子因为当时高烧的时间太长而留下了后遗症，智力发育总是赶不上同龄人，无奈小学没有读完就辍学了。事实上上学的那几年他也并未真正学到什么，甚至连自己的名字都写不好。好在他身体强健、四肢有力，养得一副好身板，好歹也算是一点安慰。但语言沟通却不大好，你说的话他未必用心去听，他想说的话不管你听不听，他总是固执地以他自己的方式说出来，说得少还好，说得多了，正常人便能听出些不正常来。

二姐好强，常觉得在人前抬不起头来，也常常对孩子以恨铁不成钢的心态咬牙切齿，时日长了，孩子虽然智力不强，但自尊心却很强，于是便逆反起来，更加不服二姐的说教。二姐又越发觉得孩子不争气，多少次暗地里哭得肝肠寸断。

但这算不上最苦恼的事，真正让二姐苦恼的是孩子已经二十好几了，还娶不上媳妇，看着别人家都娶了媳妇做了奶奶，二姐心如刀绞。后来经人介绍，某村一个头脑也不大灵光的姑娘终于看上了外表帅气的外甥，但外甥心高气傲偏偏不肯娶。拖了又拖，两年后终于娶了现在的外甥媳妇，外甥媳妇在农村的丫头堆儿里很是看得过去，爱打扮也爱干净，两人一见面就都动了心，半年后就操办婚事。二姐乐得合不拢嘴，后来翻看外甥结婚时的照片，二姐自己都说："哎呀，我那天就那么一直张着大嘴乐来着？可真磕碜。"

磕碜也是喜悦的，因为二姐心里的石头终于落了地，她就等着抱孙子、当奶奶就行了。天又不遂人愿，结婚两年媳妇的肚子鼓了两次，但每到三四个月就不再发育，到医院检查才发现其子宫畸形。于是带着孩子来北京检查，去了最著名的某医院，来回折腾了一年之久，发现其卵巢也在退化，且其子宫无法修复。

二姐从我这走的时候，连腿都要抬不起来了，走到过街天桥时，二姐终于忍不住嚎啕大哭起来，我束手无策、呆若木鸡，我不知道该如何劝慰二姐，但我心如刀割。

如今已经快三年了，二姐提起孩子总是唉声叹气，我也总是挖空心思安慰，可说来说去总觉得不得要领。后来，我终于想起了前几年遇到的一个与二姐类似的家庭。那孩子当时八九岁的样子，干干净净，穿戴整齐，总爱哼着不成调的曲子，就住在我家东面的一栋楼里。我从未觉得那孩子有什么问题，只是对他不管周几都从不上学的事有些蹊跷，后来一天早晨我与老公在楼下店里吃早餐，那孩子从门口进来，二话不说径直走到我们跟前用不知道哪里来的一把勺子将我们的一碗馄饨搅了又搅，扔下勺子就走了。正诧异间，跟在孩子后面的女人歉意地向我们笑了笑，并摆手示意不让我们说什么。我才明白，那孩子竟是个智障。

我很佩服那孩子的家长，不急不躁、不恨自己的孩子，只是小心地呵护着，甚至当孩子惹了祸她还示意我们不要发火、不要说话。这是何等的母爱？我说给二姐听，二姐说"我做不到"。做到了，我自然钦佩；做不到，我也当然理解。从孩子三个月大一直到现在将近三十岁，女人有多少耐心经得起如此的揉搓？

或许是想要讨教一些经验，或许觉得与那家长也算同病相怜，我总是注意着那孩子。如今，孩子已经十四五岁了，高高大大，只是连一句话也说不好。有一次，我见一位年长者，大概是孩子的奶奶或姥姥领着孩子玩耍，与一位邻居聊天，临走时，老人拉住孩子的手对孩子说："跟奶奶再见。"孩子口齿不清地说"奶奶再见"，我若不是听了老人的话，断断听不出来从那孩子嘴里咕噜出来的是什么。但是那奶奶（或是姥姥）却高兴地抚摸着孩子的头说："真棒，你真懂礼貌，会和奶奶说再见了。"

老人一转身恰好碰见我的目光，我有些尴尬，似是偷窥了别人见不得人的秘密一般。那老人却淡然，对孩子说："叫阿姨好。"

我又听见几个类似语言的音符从那孩子的嘴里茫然地流出，我也跟着说"你好"。然后，我们一路向北，我去旁边的超市买醋，老人则带着孩子随意散步。我到底还是没忍住问起来孩子的病情，老人说孩子生下来的时候太大，所以难产导致大脑缺氧，就成了孩子现在这个样子，他从来都没能说出过一句像样的话，每天烦躁的时候就乱嚷乱叫，安静的时候又什么都不做。如今他大了，有时候他会骑了自行车到处跑，我们就得拼命追。我有心想要安慰老人，却不知如何开口。然后想起了二姐，便说了起来。老人说："有这样的孩子，家长不容易啊。尤其是父母，心都揉碎了。"

　　我说我二姐没有这样好的耐性，她总是忍不住对孩子发火，有时候也抱怨命运的不公，哭诉老天爷为什么老是让她生活在地狱。老人说："唉，劝劝你姐，让她别那样想。人生在世，原本就是有苦有乐的。我们高兴的时候就是进了天堂，不高兴的时候就是又回到人间了。像我们这孩子，说起来还不如你外甥呢，他还能结婚娶媳妇，不错了……"

　　听见没，二姐？

　　这世上没有地狱，只有天堂和人间。当你感觉快乐和幸福时，你是天堂的幸运儿；当你感觉苦难和悲痛时，只是又回到了人间。

　　我们都这样想，好不？

夏日妍妍

小的时候不喜欢冬季，因为太冷，又没有轻便保暖的羽绒服来御寒，只有妈妈做的鼓囊囊的大棉袄和大棉裤陪着我在雪地里打滚儿。那时小，跑跑跳跳，不觉得大棉袄和大棉裤笨拙，但我知道它们不好看。还有，到了冬季的时候，我的两个小手总是被冻得肿了起来，如同两个刚刚出锅的肉包子，只是这"肉包子"从来不能满足我的口腹之欲，却刺痒到想要拿妈妈上鞋用的大锥子扎几下才解恨。有时，"肉包子"不堪风雪的寒冷，竟慢慢生成冻疮，溃烂成脓，烂糊糊地贴在手背的任何一个可能的位置。冻疮也不甘于只在手上作孽，还要悄悄跑到脚上，尤其是小脚趾，穿鞋时摩擦得很疼，坐进教室里暖和一下后，它便开始像成了精的黄鼠狼一般跑出来作祟，让我奇痒无比，我不敢脱下鞋子挠痒痒，一来脱鞋穿鞋太麻烦影响听讲，二来我也不能那样做，因为我是一班之长，我必须维护我高大的班干部形象。所以，我只能将一只脚的脚跟踩在另一只脚的冻疮处用力踩或蹍几下，但大多情况下不过是饮鸩止渴，一会儿的工夫下一波痒痒就又不分先后地来袭。

后来青春萌动，我开始注意自己是不是好看，所以便不喜欢夏季。夏季的太阳总是热辣辣的，晒得我脸生疼。疼倒也不是多么不能忍受，不能忍受的是我原本就很黑的皮肤更加地让我无地自容。刚好那时听到了那句可恨的俗语——"一白遮百丑"，心里更加地怨恨起夏季来。那时我做梦都想让自己变得白一些，不必像白雪公主一样美，至少别像包大人一样黑得那么彻底。记得我有好几次偷偷抹过我姐的"霞飞增白粉蜜"，这在当时是很不错的化妆品，所以我那时特羡慕我姐。当然，我姐需要用"增白粉蜜"，说明我姐也黑，但她没有我黑得那么无可匹敌，所以我觉得那瓶"增白粉蜜"应该给我用才对，只是她们始终都不知道我这个少女的小情怀，我也只得一直用我的郁美净，一直到初中我都一直用儿童霜，在干燥的季节我就用郁美净保湿，尤其春季，我特别爱长桃花癣，一块儿一块儿的白，整个脸在一两天里就变成了黑底白点的布头。

这样一来，让我连带着对春季也多了几分仇视，生怕我一不留神就成了奇怪的布头。除此之外，我对春天还是喜欢的，一切都是欣欣向荣的，花红柳绿，万物复苏，至少书上是这么说的。但北方的春季短得可怜，几乎有一多半的时间都是在春寒料峭中度过，然后"嗖"地一下，就迅速跌入夏天的怀抱。

至于秋季，我倒没有什么微词，秋高气爽，硕果累累，太阳虽然火辣但也只有中午发威，这时可以穿长袖的衣物，胳膊腿儿都可以被遮住，又不用穿鼓囊囊的棉裤棉袄，人也灵便。所以，我小时候最喜欢的季节应该算是秋季了。

高中的几年，寒窗苦读，没考上名牌的大学，但却让我减了不少肥，大学时更一度瘦到了不足45公斤。身材一苗条，穿衣服便周正了许多，尤其是大学校园里的夏季，青春美少女们个顶个的衣袂飘飘，我也开始试着喜欢上了长长短短的裙子。有时穿了裙子，受了赞扬，便如一股清风让我为之一振。若赶上是清晨，清晨便活泼了些；若赶上是黄昏，黄昏便浪漫了些。于是，我开始喜欢上了夏季，喜欢上五颜六色、各式各样的裙子。有一次，我穿了一件淡紫色的连衣裙，除了左肩膀上有一个小小的蝴蝶结，再无其他装饰。但我喜欢火热的夏季里有一点淡淡的紫，这样便感觉不那么躁。

尚在恋着我的男孩儿写了一首小诗，记忆犹新：

石凳的旁边有一株紫丁香/与没有/与只有一株残败的/不一样

我的心情会不一样/石凳会不一样/树上的虫儿会不一样/夜晚的月光会不一样

所以我亲爱的你/在脚踝上系一串铃儿吧/青春的季节/不能没有声响

　　有了这样的鼓舞，我感觉我是那么的与众不同，无论穿什么好像都不难看。青春本无多，何必半遮掩。慢慢地，我发现一件事情——其实，我们在这个芜杂的社会里活得都很呆板，既渴望着新异，又唯恐坏了规矩。可是，当一个人的心思总是记挂着别人会怎样说时，他就开始一点一点地低下去了，一直低到尘埃里，成了一搓哀怨的泥巴。

　　衣着本是个人的私事，无奈的是生活里总是多了些喜欢说三道四的业余的评委，却少了些敢于风韵独具的勇敢者。所以，每当早春时节看见第一个不畏春寒早早穿上裙子的女子时，我总是如同乍见早春第一瓣绿芽时一般欣喜。我想，她在美丽自己的同时，何尝不鲜亮了我们的眼睛呢？

　　许是因为岁月流过了太多的缘故，当年花花绿绿的勇气早已消失殆尽，如今多是朴朴素素、简简单单、随随便便的衣着。但我总还是喜欢夏季，喜欢夏季里穿在年轻女孩儿身上的裙子，这总能让我心情愉悦。

　　说了这些，我总是要感谢那个为我写了那首小诗的人，尽管后来我知道，这诗并非伊人的原创，只是模仿而已。

豆腐·人生

没缘由的，在一个秋风渐起的午后选择去了圆明园。满园的秋意已经浓郁，逐渐消隐的绿，一转眼的黄，继而浸润的红，宛若一件斑斓的霓裳，装扮着这座曾经无比辉煌的宫苑。此时的一隅，梧桐叶已然飘黄，掷地有声，松松散散地在地上堆着，像极了一张巨大的毛毡，无人碰触而逐渐坚实，一如一个半世纪前被毁灭后的那般寂静，令人难以喘息。顺着黄花装点的小径徐徐南行，寒鸭戏水，凌乱了满湖的波光，芦苇花在微风中飘摇，轻盈恰似白鹅的羽毛；西边的晚霞柔柔地笼罩下来，试图为残荷掩饰一丝颓废，连同海晏堂的绝唱，远瀛观的断垣，都随着日落西山渐渐模糊。

当最后一抹余晖渐渐被夜色吞噬，我也要离开。在南门驻足、回望，想象着会在某一日，如雨果所说，能够在不可名状的晨曦中看见它。如果看不见，希望可以梦到它。因为它曾在我的心头那样深深铭刻过，就在这个落叶飘零的秋季。这样想着，不经意间抬起手轻轻说了声"再见"。

大脑总是奇怪的东西，这一抬手竟又让我想起一位朋友来，只因也和他在这里挥手说过"再见"。说是朋友，也不过是一面之缘，我甚至还不知道他叫什么。

也是在圆明园里，走得实在是辛苦，看见大水法旁的一个断掉的石墩有人遗落了一本杂志，便坐了上去，愣愣地望着那些断壁残垣，想着

事实上，清谈人生最是要命，我倒是喜欢讲讲豆腐或是米饭的各种做法。相比之下，这更像是人生，而且要轻松和活泼得多。

它昔日的辉煌发起呆来。这时，一个二十左右的小伙子走了过来，羞赧地说："不好意思，您坐的那本杂志是我的。"我急忙起身。他又说："没事，你先坐吧，等会儿走了给我留下。"

我又坐下，他也坐下。两人便聊起圆明园来，从它独特的艺术风格聊到它的被烧毁，我们都有些痛心疾首。继而，又聊到了人生。

他问我人为什么活着，我说人活着或许没有明确的目的，大概因为不想死所以就活着吧，或者只是因为吃惯了街角那家的豆腐。

他说人应该为理想而活着，理想是人生的航标，没有理想就没有动力，更没有意义。我说，我便是没有理想的那撮人里的一个，有时候我为了吃那家的豆腐要走十多分钟的路，排上十来米长的队伍，当我用各种方法把豆腐做成不同味道时，我就觉得今天真是不错的一天。

他大笑，说我幽默。

他又说起老子、孔子，说他们的人生观，我说孔子是个实际的人，因为他好吃，"食不厌精，脍不厌细"就是他说的，可见也是个吃货。他显然被我这样的言论打蒙了，或者他觉得我是个不懂哲学和人生的小市民（事实上，我的确是一个不懂哲学和人生的小市民），他怔怔地看着我，不说一句话。

然后，他起身说："再见。"

我笑了笑，挥手说："再见。"

"喂，你的杂志……"

他折返回来，拿了杂志，点点头算是道谢。他转身，我大声说："再见。"他赶忙转身举起手来说"再见"，许是太突然了，杂志差点就从他手里掉下来，他又急着去接，那样子很有意思。

我一路想着这个人，一直笑着坐公车回家去。

北京城很大，待得时间越长就越会发现它的繁复和阔大，但我总是在公车、地铁、商场的电梯、公园的座椅，或者路上，听见人们谈论同样的话题——人生。有的人说得很深奥，比如活着的意义，比如形而上形而下，比如理想，我听不懂也听得累；有些人说得浅，比如吃饺子不能大口咬，比如豆腐可以先炸再炖，比如两口子打架是吃饱了撑的……我听得懂也爱听，有时我会忍不住跟着他们的话在心里另生出喜怒哀乐来，我觉得这便是人生了。

事实上，我一直都觉得清谈人生让人觉得晦涩难懂，最是要命，我倒是喜欢讲讲豆腐或是米饭的各种做法。相比之下，这更像是人生，而且要轻松和活泼得多。

生灵

姊儿养了一只叫妞子的猫，肥肥大大，白天的时候它就在炕上趴着，趴累了就在屋里转悠几圈，找点吃食，或者躺在姊儿怀里打滚儿。

姊儿手里有活儿的时候，就跟妞子说："去，一边去，一天啥事不干净瞎捣乱。"口气乍听是责怪，细听其实是喜爱。

姊儿的手里要是没活儿，就用手摩挲妞子的皮毛，有时姊儿用手指和妞子顶牛。顶牛是大人和小婴儿爱做的游戏，就是大人用食指与小孩的食指杵在一起，嘴里说："牛，牛，牛，牛，飞啦。"说到"飞"的时候，两人的手指都往后撤去。小孩子通常教个两三遍就会了。

但我姊儿和妞子玩了好几年，妞子也没学会，每次我姊儿用食指顶妞子的爪子，妞子就用整个猫爪和姊儿扑棱。它有时会假装厉害，将爪子上的长长指甲露出来，但要碰到姊儿的手时，又迅速将指甲藏起来。这家伙很有分寸，从没有因此伤到过我姊儿。

我姊儿养妞子，起初是为了让它抓耗子。农村里老鼠总是灭不掉，凡是有粮食的地方必有老鼠粪零零散散地分布着，以此证明鼠类没有灭绝，也像是与人类叫板。但妞子是个十足的夯货，只管吃不管抓耗子，一日三五餐，每餐都吃得噔噔饱，就算你金鼠银鼠也入不了妞子的眼。婶儿说，也有那么几次，妞子盯着耗子看，有点蓄势待发的意思，但盯了一会儿，拱了拱后背，就又趴下或是到院子里玩儿去了。

妞子不老在家里待着，因为婶儿想让妞子抓老鼠，便一直没有拴着它，相当于散养。所以，它到处都跑，左邻右舍、大街小巷，都有它肥硕的身影。有时晚上不回家，必得叔大小街口吆喝。后来，叔得了脑血栓，动弹不得，妞子再跑丢了，就没人去找，婶儿找过几次，但还要顾着一堆家务和瘫在炕上的叔，没等找到就急着回家。妞子再回来后，婶儿就用绳子把它拴住了，但妞子因为失去了自由大不开心，茶饭不香，不到一个月就瘦了好些。

无奈，婶儿将妞子抱到了我家，想让我家收养它。我们一家人倒是喜爱小动物的，那些曾经在我家生活过的猫儿狗儿都不曾受过一点虐待，因为它们都是家里的一员。

我记得我小时候有一条叫大奔儿的狗，浑身皮毛黑亮，只有眼睛上方有两撮黄毛，像四只眼睛一样，全家人都喜爱得了不得。我每天放学回家时，大奔儿总是蹲在家门口张望着，它只要瞥见我的身影，不管多远就开始狂奔，直到跑到我眼前，猛地抬起两只前爪搭在我的两肩上，准确无误，从来没有用爪子误伤过我。但它的体重太大，又是老远跑来，所以常常把十来岁的我一下按倒在地上，然后它又呼哧呼哧地伸了大舌头在我脸上热烘烘地舔来舔去。我会试着推开它的脸，它又以为我想让它舔我的手，于是大舌头便开始在手上翻滚。

等我们一前一后两身泥土地进院时，母亲总会笑着说："又在大街上打滚儿了？"我说："都是大奔儿，把我撞倒了。"大奔儿便假意惭愧地低头，将脖子靠近我的小腿，我则用小手搂住它的脖子，质问它："是吧？都是你给我弄倒的吧？"大奔儿见我的脸靠近了它，又伸出舌头，摇着大尾巴舔我……

其实，不光是猫儿、狗儿，包括耕地拉车的牛儿、驴儿都没有受过虐待。我家的宗旨是，这些养在家里的生灵们，未必能有奢侈的生活，但只要家人有吃的，就决不会让它们饿死。

可是这一次母亲不想要妞子，母亲不想要妞子是因为担心妞子以后有个三长两短，她伤不起那个心了。我家养过三四条狗，其中一条病死，两条因当时的政策而被活活打死，还有一条自己跑丢了，连个尸首也没见着；还养过两只猫，但都因吃了被老鼠药毒死的老鼠而一同中毒身亡。母亲说，一想起那些猫儿、狗儿临死时哀怨、无助、乞求的眼神，她就万箭穿心，于是发誓再不养这些动物。

如今姊儿因为心疼她的妞子自己养不了又不放心把妞子送给别人，就只能送到我家，姊儿知道在我家妞子不会挨打受骂。母亲只好留下妞子，但她日夜担心妞子会吃死老鼠，于是也将妞子拴在屋里，妞子初来乍到很不适应，整天在屋里上蹿下跳，像被软禁的犯人，从南窗到北窗，从东墙到西墙有多少步，估计它都一清二楚。因为妞子总是拴着绳子四处溜达，所以屋里的一切东西都能被它拉倒，我记得的有一个暖水瓶，两个玻璃杯，其余摔不碎的物品要无数次从地上捡起来。

后来，一个远房的亲戚，看见妞子很是喜欢，那亲戚也不像虐待动物的人。母亲便一咬牙将妞子送了出去。妞子送走的几天里，我们总爱说起，不知妞子现在好不好，胖了还是瘦了。后来，还是忍不住与亲戚通了电话，得知一切安好，母亲这才安心。坐了几分钟，又穿起衣服急匆匆地跑到姊儿家，告诉她妞子很好，姊儿叹了口气说："唉，嫂子，其实我早就想去问你呢，一直没好意思，怕你说我拿不起放不下，连个畜生也要这么操心。"

母亲笑说："说你干啥？我不也这样？我就觉得，你看，这猫啊，狗啊，活得也不容易，遇上个好人家就算是命好了，要是遇不上到死也不得好。跟我们过了些日子，也算是家里的一分子了，咱不能继续养它，总得给它找个好人家呀……"

我觉得我妈要是年轻些，去个动物保护协会啥的再适合不过了。其实，我也这么觉得，那些小生灵若是自小就生活在林子里、野地里，自是不用我们操心它们的死活的。但既然它们跟了我们，既然我们能够决定它们的命运，怎么忍心看着它们受苦受难呢？更何况昔日里，它们那么可爱地百般讨好我们，拿我们当亲人一般，在我们怀里撒娇打滚儿，为我们看家护院叼拖鞋，它们毫无保留地将自己一切的美好带给我们，让我们忧伤的岁月多了安慰，快乐的日子多了色彩……

我们有什么理由不爱它们呢？我们若爱了，怎么能不深爱呢？怎么能不给它们一个美好的结局呢？

数星星

盛夏时节带儿子到郊区一个农家院游玩。白天时虽然也有烈日，但可以躲在树荫下，那一家的后院又与农田相通，少了高大建筑物的阻挡，丝丝的凉风轻易就能吹进院来，即便一样是热，却还是能将钢筋水泥的城市里最常见的粘腻一吹而散，让人几乎忘了这是在夏季。

夜晚也是休闲的时光，与这个小东西在一起，没有国家大事可谈，也不用抱怨工作的艰辛和酬劳的可怜，单纯得像他新买回来的作业本，干干净净，八九点钟的光景，我们便安静下来，准备进入梦乡了。

我在儿子的肚子上搭了一条薄薄的毛巾被，慢慢在他身边躺下。儿子说："妈妈，你好久没陪我睡觉了，给我唱摇篮曲吧。"

"好。"我说。

细想一想，的确好久了。五岁半以后，儿子就自己去他的小屋睡了，每天晚上的睡前故事都是老公的事，老公不会唱摇篮曲，所以只能给儿子数青蛙——

一只青蛙一张嘴，两只眼睛四条腿，扑通一声跳下水；两只青蛙两张嘴，四只眼睛八条腿，扑通扑通跳下水……

而我除了早晚接送儿子，给他做些吃食外，似乎正逐渐从他的世界里撤退出来，真是可怕，于是我赶紧哼了起来——

"月儿明，风儿静，树叶儿遮窗棂……"

我循环唱了两三遍，还没有听到均匀的呼吸，我断定他还没睡着，于是我起身仔细看，他竟然大睁着两眼，嘴里还窸窸窣窣地说着什么。

"儿子，睡不着吗？你嘟囔什么呢？"我问。

"我在数星星呢。妈妈，你看外面真的有星星。"儿子回答。

数星星？

我循窗望去，果然在窗帘的缝隙处有几颗星星在冲我们调皮地眨眼睛，俏皮的样子让人即便在黑暗中也忍不住笑了，怪不得儿子睡不着呢，这样美好的夜晚怎么忍心用来睡觉呢？

我想起自己小时候，夏天的夜晚，星星显得格外多，满眼满眼的都是，那时从课本上学了星座，什么狮子座、天马座、猎户座……我仰头用目光给那些星星们一厢情愿地悄悄连上线，但却怎么也无法出现书上描绘的形状。

更小的时候也数星星，一颗，两颗，三颗，四颗……然后慢慢学会了数数。只是，现在我能数到千，数到万，却仍然不知道夜空里究竟有多少颗星星，只能赖皮地说："很多颗。"

我悄悄起身，蹑手蹑脚地打开门，坐在屋檐下，像小时候那样望着天空，数啊数啊，数着数着又想起了神舟飞船，现在是几号了？又想起星相学上说处女座的人都有洁癖，天马行空，胡思乱想。突然，一只蚊子光顾我的脚背，接着小腿也痒了起来，"两个傻蚊子，干吗不结伴而来？一前一后多没意思？"

我低头用手将蚊子赶走，才发现颈椎已经无法忍受长时间的仰望了。于是起身，又悄悄回到屋里，将儿子踢到一边的毛巾被往他身上拽了拽。

事实上，我根本没有到屋外数星星，这只不过是我的臆想罢了，我担心我一起身还没睡沉的儿子就醒了，也担心被人看见以为我是窃贼，我更知道外面一定会有蚊子，更何况我还怕黑。所以，我好像根本就不可能半夜爬起来到外面数星星。

不知道以后的岁月还有没有机会一个人静静地数星星，这样的小小心愿就常常被各种各样的理由冲到一边去，那些眨着眼睛的调皮的星星总是不知何时落入岁月的长河中，忽地一下就不见了。

回到家中，我给朋友们打电话，问他们多久没有数星星了。

A说：你有毛病了吧？一大把年纪还数什么星星啊？

B说：别逗了，每天加班到11点，现在见着床比见着我老公还亲，星星就一边凉快去吧。

C说：没法跟你比，我每天哄孩子睡觉，她还没睡我就先着了，我只能在梦里跟周公一起数了。

D说：三十年没数了吧。

E说：倒是想数呢，你抬头看看，天上哪有星星啊？偶尔有了两点，说不定还是个飞机。

我说：嗯，是啊，我也还是小时候数过呢！

儿子说："妈妈，你瞎说，前几天在那个小屋住的时候你没数？"

我摇头。

他说：那谁让你不跟我一起数啊？

小家伙皱着眉，左半边嘴带着脸向上吊着，我猜想他心里多半还有俩字没说出来——

活该！

也是呢，我虽惦记着数星星，但却终究因为自己给自己找了若干不成体统的借口而作罢了。

不做博士

世上有四种人：第一种人拥有很多荣誉和成绩，并心甘情愿为其放弃一切，他们活得奋进；第二种人拥有很多荣誉和成绩，但舍不得生活的恬淡，所以活得郁闷；第三种人没有任何光环，但不甘于平庸，于是活得熬糟；第四种人也没有光环，但愿意做个省心的平头老百姓，他们活得舒展。

最初我是第三种人，我总觉得自己什么都不是，虽然千辛万苦跟文字打了交道，但我首先就不是科班出身，一个学理工的人搞文字，自己都没底气；其次，我要想长久地沿着这条道儿走下去，没个什么头衔（比如某协会会员、某刊物签约、某专业硕士等）谁愿意看我写的东西呢？于是，我特别想考个文凭，还办了张自考的准考证，买了几本书，准备弥补这个缺憾，为以后的发展铺平道路。

可是，我终究还是个女人，家里琐事缠身，直到要考试前，我买的那几本书还乖乖地躺在书橱里，像睡着的死尸一样，安静得没法再安静。

后来，我认识了一位朋友，是牙科博士，在口腔医院就职，薪水高、职位高，除了累什么都好。她让我变成了第四种人。

她最常说的一句话就是："羡慕你们呀，想干什么就干什么，时间都由自己定，唉……"

一个人要想活得轻松和简单，就不要给自己加上太多的荣誉和成绩。没有这些劳什子挡道，你就可以心安理得地放弃一些东西，如此，生活就轻松了。

我们常安慰她说："得了吧，我们这是没人要，才闲置在家了，每天围着孩子转，什么新闻也不知道，一大堆'奥特曼'。"

"谁苦谁知道啊！"她总是这样说。

其实，我们都知道，她不仅仅是工作上劳累，更让她揪心的是孩子。孩子出生三个月她就开始上班了，每天像奶牛一样将奶挤到奶瓶里，冷冻，下班时拿回家，留作孩子第二天的口粮。这也算不得什么，原本现代家庭中也都是老人帮忙带孩子，喂奶也大多采取这个方式。但让她为难的是，老人并不愿意帮忙带孩子，每次她都要求爷爷告奶奶地将婆婆请来，每个月付给婆婆两三千块钱的生活费，日常还要谨言慎行，生怕气跑了婆婆，没人帮忙看孩子。

她自己的母亲身体倒还硬朗，能帮忙，但一年四季都委屈母亲，她又于心不忍。有一段时间，两边的老人都不在，又逢孩子放暑假，她便只得将孩子寄存在医院的图书馆里。半天没人管，只等中午时带孩子出来吃饭，下午就又将孩子放在图书馆。

她说那些天她都要崩溃了，原本就觉得自己陪孩子的时间太少，现在竟然要将一个六七岁的孩子独自扔在图书馆里半天，连个说话的人都没有。她说自己这个母亲做得实在太失败了。

我们说："不然你狠狠心干脆辞职，看孩子吧，让孩子他爹去挣钱。"

她说："钱倒不是太大的问题，可关键是我拼死拼活地读到了博士，就这样放下一切回家带孩子，心有不甘啊！"

好一个心有不甘，那一刻我最先想到的一句话是：幸亏我不是博士！

因为不是博士，所以我可以很轻松地放下所谓的工作，亲自养育儿子，给他做饭洗衣，陪他看动画片，一起打滚儿，互相挠胳肢窝，送他上学接他回家，一起享受那么多珍贵的小小甜蜜。

因为不是博士，所以我挣钱少就不会觉得委屈，甘于去早市淘衣服穿，甘于游走于菜市场，不会因为吃穿住用不够"高大上"而心生忌妒。

因为不是博士，所以对爱人的要求也跟着降低，不需要他出人头地，不需要他给我锦衣玉食，只要每天晚上回家吃晚饭就很好了。

因为不是博士，对很多事情的要求都很低，所以，我很容易满足，也因此得以快乐地生活。

当然，不是所有的博士都不能快乐地生活，也不是所有没有取得博士头衔的人都能生活得快乐。但我总是觉得，当我们身上的光环太大时，多少还是会阻碍了我们追求平淡的步伐。

前些天，几个老相识去家附近的餐馆小聚，唯独缺她。平常周末去玩，她也常常因工作的关系而缺席，此时我们各自点了爱吃的菜品，而她却只能在医院吃食堂，便更觉这家伙可怜。

一边吃着餐馆里的招牌菜，一边想着我的博士朋友，自己问自己："是不是自己太不求上进了呢？什么都不是还这么能吃能睡。"

也许是吧。但若要我为了不辜负自己的某些荣耀而去工作，甚至牺牲我平和恬淡的生活，我是断断不肯的。

随遇而安

上一本书出版后，我给家里拿了一本，姐看过，说很好，姐的儿媳看过，说："难怪老姨那么幸福，她可是个会生活的人，凡事看得透也看得开。"

其实，我哪有什么思想？我甚至于不太爱思考这人世间的种种，我只想淡淡地生活。而生活又是什么呢？于我，生活不是抱负，不是成功，更不是金钱，无非是一粥一饭，一针一线，一哭一笑而已，都是摆在眼前的细碎的东西。因为摆在眼前，所以不会太过茫然，因为细碎，所以不至于大喜大悲。

时至今日，我尚未曾真正体会到失眠是个什么滋味儿，每一个躺在枕头上的时刻都显得那么短暂，我用不着数羊数星星，只要是到了睡觉的时刻，几分钟用不了就急急地与周公会面了。但一觉醒来，前夜与周公说了什么又全然不记得。我哪里能记得，我要早早起床，为孩子做一顿既营养又可口，还得有卖相的早餐呢！看儿子大口地吃，比什么都快乐！或者在一个人的黄昏，没有人陪伴，月上柳梢头，那就找个矮矮的马扎，坐在阳台上，看形形色色的大人小孩，红男绿女从窗下走过，他们的嬉笑怒骂此时变成了一部没有导演的即兴表演，而我就成了唯一的观众，不也是一件乐事？

我自然也有我的辛苦——

记得在S市时，每逢国庆长假或是春节，总要乘坐下午三点的长途客车回家。长途客车是上下层的卧铺，但每次回家的人都很多，"卧"是不可能的，多数时候上铺由于高度限制，只上两个人，下铺则至少要坐上三个人。为了能占领一个有利地势，须得早晨八九点就去占座。如此，整整一晚上的旅途才能有一个可以半躺的地儿。我通常会早早去占座，但开车前的五六个钟头就成了煎熬。空空荡荡的大车厢里，只有两三人，又不能出去随便走动，否则座位就又被别人占领了。后来，我不再去占座，只提前一两个小时，保证能坐上车就好。不管怎样，只要能上车，车主总能给我找一个可以坐下的地方，就算再小只要能坐下，我便能睡着，睡着了也便分不出是躺着还是坐着了。

由于车子要整整十五个小时才能到达我们的县城，所以中途总会有人尿急，大喊："师父，停一下，憋不住了。"司机从不理会，他们为着一车人的安危着想，不会随便在夜晚的高速上停车。憋急了的人就又喊："师父，停车，尿裤子了，再不停就在车上尿了！"惹得一车人大笑，当然也会有人跟着附和起来，比如：

"是该停一下了，有两三个小时了吧。"

"师父，停停吧，都想上厕所了。"

……

热热闹闹，一夜行程会因为两三泡尿而变得欢快起来。所以，那些个坐车的日子，虽然常常要好几个人挤在一张窄窄的卧铺上，需要忍受车内无数臭脚的味道以及膀胱无限充盈的焦急，但我一直没有觉得太不好过。

因为我知道，人生旅途莫不如此，只有安心当下，淡然从容，一段艰苦的旅程才能带上笑意，你才能享受一路风光，而不至于被暂时的尿急或晕车所扰。事实上，我敢说，平常如我的人大多没有机会站到风口浪尖，所谓的烦恼与痛苦也大多不是决定江山乾坤的大事，既是这样，何苦烦恼？

这几年作书，总看到一个佛教小故事，虽然老得有点掉牙，但请容许我再讲一遍，作为终响：

在一座庙里，小和尚发现庙前的草地枯黄了一大片。于是，他急忙跑到师父的跟前说："师父，院里的草都枯死了，等哪天撒点草种子吧！"师父点头说好。

但小和尚很快就忘了这件事，直到秋风吹起，他看见更多的草枯黄了才想起此事，赶快找到师父，师父给他一包草籽让他去播种。小和尚说："可是，现在天已经冷了，是现在种呢还是等到明年再种呢？"师父笑说："随时！"

小和尚拿着草籽，心想：随时就随时，现在就撒草籽。秋风起，草籽忽地被风吹走。小和尚焦急地喊："不好了！师父，草籽被吹飞了。""吹走的是空的，随性！"师父说。

不多会儿，飞来几只小鸟啄食剩下的种子。"师父，种子都被鸟吃了！"小和尚急得跳脚。"不急！种子多，吃不完！"师父说，"随遇！"

夜半骤雨，小和尚彻夜不眠，担心种子被冲走。早早起床跑到庙前，果然有很多种子被雨水冲走。他火急火燎地冲进师父的屋子："师父！完了！草籽被雨冲走了！""冲到哪儿，就在哪儿发！"师父说，"随缘！"

一整个冬天，小和尚闷闷不乐，日夜担心草籽会被冻坏。但是，春天一到，大地回暖，那一片光秃秃的地面，居然长出许多嫩嫩的草苗，就连原来没播种的角落，也泛出了绿意。小和尚兴奋地跑去告诉师父，师父点点头："随喜！"

一个"随"字，包含了无限的智慧，它不是跟随，也不是随便，而是顺其自然，不怨怼、不躁进、不过度、不强求。珍惜当下，不乱于心，不困于情，做个随遇而安的孩子。如此，安好。

后记

致时光的一封信

时光，你好：

    你可能没太注意我，但我很在意你。第一次听说你的时候大概是小学二三年级的样子，我在我姐的一本书里看到了你的名字，后面还跟着两个字——荏苒。

    那时我不认识这俩字，求了我姐好几遍，她才将埋在小人书里的脑袋抬了起来，告诉我说荏苒就是一点一点消失的意思。她说得很明白，但我仍旧不能理解，因为你是无形的，我抓不到也看不着。所以，你一点一点消失这件事对我来说，至少对那个时候的我来说，根本不知道着急。

    但是很快我就从小学升入初中、高中，后来大学毕业了。有一天我一个朋友说我眼角有皱纹了，我才意识到你真的"荏苒"了。我才发现你是那么可怕，你在我尚且不谙世事的时候就偷偷带走了我生命中至少三分之一的时间。而这三分之一的生命里，很抱歉地说，我也的确没把你放在眼里，没觉得你有多么金贵，从来没想过你奔跑的速度会越来越快，快到我跟头把式地也追不上你。

倒是这些年，逐渐感觉到是我亏待了你，把你从一个青春靓丽的少女生生冷落成了一个极具报复心的怨妇。你手持屠刀在我脸上刻了好几道细细的皱纹，还将我变成了一个三围都一样的水桶，我看世界的心态也变了，常对一些事情不屑一顾，再没有以前那种瞪着眼把嘴惊讶成"O"形的激情了。还有，我以前出去逛街只爱看衣服、零食、小玩意儿，现在我却只想着洗涤灵、地板净、床单被罩以及各类儿童用品。

但你不要误会，我给你写这封信绝对没有斥责或是抱怨你的意思。相反，我要感谢你，发自肺腑地想要对你说一声："谢谢你。"

要谢你，不是因为你给了我金山银山，或是衣食无忧的生活，而是因为你给了我若干的经历。经历这玩意儿是世界上为数不多的花钱也买不来的东西，甚至没有之一。经历这东西之所以金贵，是因为有些事，只有经历过才能明白。

比如，我生了我儿子后，才知道我妈当时把我一把屎一把尿地拉扯大是多么不容易，才知道我一次一次离开家时，我妈是多么舍不得放走。

又比如，我谈了几次恋爱后，才知道有些男人只适合谈恋爱不适合结婚，有些男人虽然不会谈恋爱，但是选他当老公能一辈子安稳。

再比如，我好几位亲人离世后，我才知道原来人的生命其实很脆弱，就是一呼一吸的事，一个不留神就再也回不来了。

另外，我经历过无数次沮丧、悲痛，也得到过无数次欢声笑语后，终于发现，快乐才是生活的本质。这一发现让我的生活少了不少可有可无的烦恼，我把所有的事儿都当作"事儿"来看，不就是事儿嘛，过呗，早晚不得过去嘛，有什么可悲痛欲绝的呢，再怎么要死要活到最后不还是拍拍屁股站起来往前走了。

你还拓宽了我的眼界，让我知道山外青山楼外楼，美景永远在前头；让我知道能够补充维生素的不只是青菜，除此之外各色水果和五谷杂粮，都是极好的东西。

说实话，我爸我妈加上从幼儿班到大学的老师都没有教给我这么多，所以我对你还真是感激得有点要泪零。

但话又说回来，这些年你也让我看透了你，你就是个翻手为云覆手为雨的家伙，你对我好的时候我就忍不住想要抱住你使劲亲你的脸，亲无赎反都不嫌多；你对我狠的时候，又让我恨不得变成一台粉碎机，把你来回来去放上五百回。

哎，怎么说呢？又爱又恨这个词大概是目前我对你最真实的情感了。那么，以后呢？谁知道呢？你也说不准，我也没把握，所以你也不用太在意我对你究竟是爱还是恨，你想对我好的时候别犹豫，想冲我开刀的时候也用不着太顾忌。反正我有生之年离不开你，你呢？也不会在我还喘气的时候就弃我而去吧，我们就这么凑在一起凑合过吧！

不和你贫嘴了，客厅有盆花儿等我浇水呢。没什么别的事儿，就希望你能陪我长长久久地过下去，别因为我的疏忽就撒手了整我。另外，我希望你"在再"得慢一点，真的。

别的不多说了，中短情长，就此搁笔。

　　此致

敬礼

你的不值一提的小许

人生最宝贵的财富，不是你拥有了多少，而是你经历了什么。